Matemática

Secundaria Básica **3**   Secundaria **2**

CARLOS ZIGNEGO
DANIEL DOMÍNGUEZ

longseller
EDUCACIÓN

Coordinación editorial: Beatriz Grinberg

Edición: Verónica Riopedre

Coordinación División Arte: Andrés Mendilaharzu

Diagramación: María José Suares Christiansen

Ilustración de tapa: Andrés Mendilaharzu

Corrección: Graciana Centrón

Longseller S.A.

Showroom de promoción y ventas: Blanco Encalada 2388

(C1428DDL) CABA, Argentina

(011) 4706-3647 / 4706-1235

E-mail: promocion@longseller.com.ar

Administración y ventas: Costa Rica 5238 (B1615GKT)

Grand Bourg, Malvinas Argentinas, Bs. As., Argentina

(011) 6810-7005 / (03327) 41-4600

E-mail: ventas@longseller.com.ar

Internet: www.longseller.com.ar

Domínguez, Daniel Alberto
　　Matemática 3° secundaria básica, 2° secundaria / Daniel Alberto Domínguez y Carlos Zignego. - 1a ed. - Buenos Aires : Longseller, 2010.

　　208 p. ; 28x20 cm.

　　1. Matemática. 2. Enseñanza Secundaria. I. Zignego,

Carlos II. Título
　　CDD 510.712

Cómo es Matemática 3° SB / 2° SEC

Concentrados en la lectura
Una puerta de entrada al capítulo con un enigma, un juego o una curiosidad, que abre espacios para las primeras reflexiones. Algunos cuestionamientos se podrán resolver con lo aprendido en el capítulo.

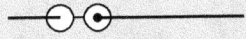

Recordando
Ejercicios y problemas para repasar y rescatar conocimientos previos, básicos y necesarios para los nuevos aprendizajes.

Para empezar a pensar
Problemas que invitan a reflexionar y discutir sobre posibles procedimientos para su resolución. Introducen los contenidos a trabajar.

Actividades de integración
Problemas y ejercicios para trabajar, relacionar y profundizar los conocimientos.

La teoría
Desarrollo y explicaciones de conceptos matemáticos.

Problemáticas
Desarrollo de actividades y ejercicios, que en su secuencia favorecen la construcción de los conocimientos matemáticos.

Autoevaluación
Un espacio al final del libro para evaluar los conocimientos de cada unidad.

Índice temático

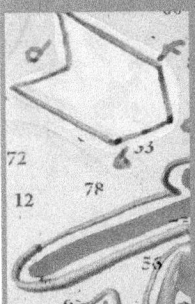

Números racionales

Operaciones en Q.
Inecuaciones.
Valor absoluto.

1

La música y la matemática

Pitágoras (582 a.C. - 507 a.C.) fue el primero que relacionó la música y la matemática construyendo el monocordio (instrumento con una sola cuerda tensada, sobre la que se puede deslizar un puente y cuyo efecto es acortar la cuerda). Él lo realizó con una cuerda tensa a la cual le hizo marcas que la dividían en doce partes iguales, como indica la figura. Al hacer sonar la cuerda completa (posición 12) se producía un sonido armónico al que tomó como base y lo llamó tono. Al sonido resultante de pulsar la cuerda en la posición 9, lo llamó cuarta ; al producido en la posición 8 lo llamó quinta (diapente) y al producido en la posición 6 lo llamó octava (diapasón).

Los sonidos que se producían en otras posiciones no eran agradables ni armónicos.

Analizando lo que ocurría, descubrió que los números 12, 9, 8 y 6 estaban relacionados: el 9 es la media aritmética de 12 y 6, y el 8 es la media armónica entre 12 y 6.

Media aritmética: m = (a + b) : 2

Media armónica: 1/h = 1/2 .(1/a + 1/b)

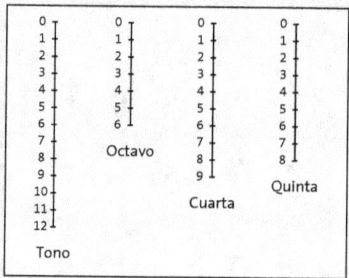

Se le atribuye a Pitágoras el descubrimiento de la escala musical:

Do = 1   tono
Re = 8/9
Mi = 64/81
Fa = 3/4   cuarta
Sol = 2/3   quinta
La = 16/27
Si = 128/243
Do = 1/2   octava

1. Calculen la media aritmética entre los siguientes números:

a) 8 y 6   b) 14 y 26   c) 166 y 34   d) 124 y 86

2. Resuelvan las siguientes operaciones:

a) $\{(-18) \cdot 4 + 2^8 : \sqrt{101 - 6^2} - [\sqrt[3]{-125} - 17 + 36^0] : 3\} =$

b) $\{[(-5)^3 \cdot (-5)^3 \cdot (-5)^4] : (-5)^4 - 13^2 : 4 + [(-2)^3]^3\} =$

c) $\sqrt{\sqrt[4]{729}} \cdot (\sqrt{225} - 3^4 + 6^2 \cdot 2 - 12)^2 - 108 : 3 + \sqrt[4]{256} =$

d) $12^0 \cdot (-4 + 17)^2 - \sqrt{15 + 3^2} =$

e) $(-4)^5 : (-4)^2 + 2 \cdot \sqrt[3]{(-2)^2 + (-19)} =$

3. Resuelvan las siguientes ecuaciones:

a) $6 \cdot (x + 4)^2 - 37 = 15^2 + 2^3$

b) $3 \cdot \sqrt{169} = 5 \cdot (x - 6)^2 + 19$

c) $-4 x^2 + 7 = -1 \cdot 5^2 - 4$

d) $6 x + 7 x - 12 = 7^2 + 2^2$

e) $3 \cdot (x + 8) - 14 = -5$

f) $6 \cdot (x - 2)^2 - 31 = 5^3 - \sqrt{4}$

4. La siguiente figura se construyó con ocho cuadrados, cuyos lados, empezando por los que están en la parte superior, miden la mitad de lo que mide el que está debajo:

a) ¿Cómo es el área pintada con respecto a la que está sin pintar?

b) ¿Qué relación, en cuanto al tamaño, hay entre las superficies pintadas de los dos cuadrados más grandes y el total de la figura pintada?

c) ¿Qué relación se establece entre la superficie pintada de los dos cuadrados más chicos con la superficie pintada de los cuadrados que le siguen en tamaño?

d) ¿Cuántas partes de un cuadrado es necesario pintar para que quede sólo la cuarta parte de la figura sin pintar?

e) ¿Qué relación hay entre la superficie pintada de los cuadrados más chicos y la superficie pintada de los cuadrados más grandes?

f) ¿Qué relación existe entre uno de los cuadrados más chicos y uno de los más grandes?

Números racionales

Los números fraccionarios surgen de la necesidad de expresar porciones o partes de una unidad.

⊙─⊙─⊙

5. Calculen:

a) el número cuyo 5 % es 25.

b) qué fracción de 720 es 35.

c) las tres cuartas partes de 2700.

d) qué porcentaje de 680 es 136.

El conjunto formado por todos los números enteros y todos los fraccionarios se denomina **Q**: conjunto de números racionales.

$$\text{Racionales } Q \begin{cases} \text{Enteros } Z \begin{cases} \text{Naturales } N \\ \text{Enteros negativos } -N \end{cases} \\ \text{Fraccionarios} \end{cases}$$

Los números racionales (**Q**) son los que pueden expresarse como el cociente de dos números enteros, siendo el denominador siempre distinto de cero; es decir que pueden representarse como una fracción.

$$\frac{a}{b} \begin{matrix} \text{numerador} \\ \text{denominador} \end{matrix} \quad b \neq 0$$

⊙─⊙─⊙

6. Indiquen a qué conjuntos pertenecen los siguientes números:

	3	1,05	$\frac{2}{5}$	$\sqrt{25}$	−9	$-\frac{1}{3}$	4,333	0,8	$-1,1\overline{23}$
N									
Z									
Q									

Operaciones con números racionales

Adición y sustracción

Para sumar y/o restar fracciones, las mismas deberán transformarse en fracciones equivalentes con denominador común.

Ejemplo: $\dfrac{2}{3} + \dfrac{3}{10} - \dfrac{7}{3} + \dfrac{1}{2} = \dfrac{20}{30} + \dfrac{9}{30} - \dfrac{70}{30} + \dfrac{15}{30} = -\dfrac{26}{30}$

7. Para llenar un tanque se dispone de dos canillas. Con la canilla 1, el tanque se llena en 5 horas y con la canilla 2, se llena en 15 horas. Calculen en cuánto tiempo se llenará el tanque con las dos canillas abiertas:

8. Darío fabricó unas cajas decorativas para vender en la feria artesanal de su barrio. El primer día vendió las tres cuartas partes de lo que había fabricado. El segundo día vendió cuatro quintos de lo que le quedaba. Cuando terminó la feria le sobraron dos cajas.

a) ¿Cuántas cajas fabricó?

b) ¿Qué porcentaje vendió el segundo día?

Multiplicación y división

El producto de dos o más números racionales es otro número racional, cuyo numerador se obtiene multiplicando los numeradores de las fracciones dadas y su denominador, de multiplicar los denominadores de dichas fracciones.

Ejemplo: $\dfrac{3}{5} \cdot \dfrac{2}{3} \cdot \dfrac{4}{6} = \dfrac{3 \cdot 2 \cdot 4}{5 \cdot 3 \cdot 6} = \dfrac{24}{90}$

Al dividir dos números racionales, se debe invertir el segundo número racional y multiplicarlo por el primero (inverso multiplicativo).

Ejemplo: $\dfrac{7}{8} : \dfrac{3}{2} = \dfrac{7}{8} \cdot \dfrac{2}{3} = \dfrac{14}{24}$

Potenciación

La potenciación es la operación que permite expresar multiplicaciones sucesivas de manera abreviada.

Ejemplo: $$\left(\frac{a}{b}\right)^c = \frac{a^c}{b^c}$$

Propiedades:

Producto de potencias de igual base	$\left(\frac{a}{b}\right)^c \cdot \left(\frac{a}{b}\right)^d = \left(\frac{a}{b}\right)^{c+d}$
Cociente de potencias de igual base	$\left(\frac{a}{b}\right)^c : \left(\frac{a}{b}\right)^d = \left(\frac{a}{b}\right)^{c-d}$
Potencia de exponente negativo	$a^{-c} = \left(\frac{1}{a}\right)^c \qquad \left(\frac{a}{b}\right)^{-c} = \left(\frac{b}{a}\right)^c$
Potencia de potencia	$\left(\left(\frac{a}{b}\right)^c\right)^d = \left(\frac{b}{a}\right)^{c \cdot d}$
Potencia de exponente fraccionario	$\left(\frac{a}{b}\right)^{\frac{c}{d}} = \sqrt[d]{\left(\frac{b}{a}\right)^c}$

Propiedad distributiva

Esta propiedad se cumple para la potenciación respecto de la división y de la multiplicación.

Ejemplo:
$$\left(\frac{a}{b} \cdot \frac{c}{d}\right)^e = \left(\frac{a}{b}\right)^e \cdot \left(\frac{c}{d}\right)^e$$

$$\left(\frac{a}{b} : \frac{c}{d}\right)^e = \left(\frac{a}{b}\right)^e : \left(\frac{c}{d}\right)^e$$

9. Escriban un ejemplo de multiplicación y otro de división que verifiquen la propiedad distributiva:

10. La propiedad distributiva de la potenciación no se cumple para la suma ni para la resta. Compruébenlo:

Radicación de fracciones

Para calcular la raíz de una fracción, se extrae la raíz del numerador y la del denominador.

Ejemplo:

$$\sqrt[c]{\dfrac{a}{b}} = \dfrac{\sqrt[c]{a}}{\sqrt[c]{b}}$$

Propiedad distributiva

La radicación es distributiva con respecto de la multiplicación y de la división.

11. Escriban un ejemplo que verifique ambos casos:

12. Resuelvan los siguientes ejercicios:

a) $\left[\left(\dfrac{2}{3}-\dfrac{1}{9}\right) + 13\left(\dfrac{2}{3}-1\right)^2\right] : \left[\left(\dfrac{1}{2}-1\right) : 2\dfrac{1}{2}\right] =$

b) $\left[\left(\dfrac{1}{2}-\dfrac{1}{4}\right):(-2)\right]^{-2} - \sqrt[3]{-2\left(\dfrac{2}{5}\right)^2 \cdot \left(\dfrac{27}{25}\right)^{-1}} + \dfrac{1}{6} =$

c) $\dfrac{\sqrt[3]{\dfrac{2}{3}+\left(\dfrac{2}{7}\right)^{-1}}}{\sqrt[3]{\left(\dfrac{7}{8}-2\right)^{-1}}} =$

d) $\left[\left(\dfrac{1}{2}-\dfrac{1}{4}\right):(-2)\right]^{-1} - \sqrt[3]{-2\left(\dfrac{2}{5}\right)^2 \cdot \left(\dfrac{27}{25}\right)^{-1}} + \dfrac{1}{6} =$

e) $\left[\left(\dfrac{2}{3}-\dfrac{1}{9}\right) + 13\left(\dfrac{2}{3}-1\right)^2\right] : \left[\left(\dfrac{1}{2}-1\right) : 2\dfrac{1}{2}\right] =$

13. Calculen las raíces, cuando sea posible:

a) $\sqrt{81} =$ b) $\sqrt{-\dfrac{9}{16}} =$ c) $-\sqrt[3]{-\dfrac{125}{216}} =$ d) $\sqrt{0,0016} =$

14. Damián corta una cinta por la mitad. De lo que queda corta la mitad. De lo que queda vuelve a cortar la mitad. Finalmente corta dos quintos de lo que quedaba y le sobran 30 cm. ¿Cuánto medía la cinta inicialmente?

15. Una pileta tiene tres vertientes. La primera vertiente puede llenar la pileta en 5 horas, la segunda en 8 horas y la tercera en 9 horas. Si se abren las tres vertientes al mismo tiempo durante 2 horas, ¿qué fracción de la pileta se llenará?

16. Resuelvan las siguientes ecuaciones:

a) $-\dfrac{3}{4} \cdot \left(x + \dfrac{1}{3}\right) = \sqrt{\dfrac{3}{4} + \left(-\dfrac{3}{16}\right)}$

b) $\left(x + \dfrac{1}{4}\right)^2 - \dfrac{9}{4} = 4 \cdot \dfrac{1}{18} + \left(-\dfrac{1}{18}\right)$

c) $\dfrac{1}{3} \cdot (2x - 3) + \dfrac{1}{5} = \dfrac{3}{4} + \left(-\dfrac{1}{3}\right)^{-2}$

d) $\dfrac{1}{5} \cdot (x + 2) - \dfrac{1}{2} = \dfrac{1}{3}x + 1$

e) $\sqrt{4 \cdot \dfrac{1}{9}} \cdot \left(x - \dfrac{1}{3}\right) = \dfrac{3}{4} - 5$

f) $\dfrac{1}{3}x + \dfrac{2}{7}x + 2 = -\dfrac{1}{7}x + \dfrac{2}{5}$

g) $\dfrac{2x - \dfrac{3}{4}}{3x + 1} = 2$

17. Camila compró una bicicleta pagando el 30 % al contado en el momento que se la entregaron y el resto en cuatro cuotas, abonando en las dos últimas cuotas la mitad del valor que en las anteriores. Calculen el valor de cada cuota sabiendo que la bicicleta salió $560.

Resolución de inecuaciones

Para resolver inecuaciones se trabaja de forma similar que con la resolución de ecuaciones, solo que, en este caso, en lugar de obtener una única solución se obtiene un conjunto o intervalo real que satisface la desigualdad. Por ejemplo, si queremos resolver:

$$\frac{2}{7}x - \frac{1}{3} + 3 \geq 4$$

$$\frac{2}{7}x - \frac{1}{3} + 3 + \frac{1}{3} - 3 \geq 4 - 3 + \frac{1}{3}$$

$$\frac{2}{7} \cdot \quad \geq \frac{2}{3}$$

$$\frac{2}{7}x : \frac{2}{7} \geq \frac{2}{3} : \frac{2}{7}$$

$$x \geq \frac{7}{3}$$

- Al sumar o restar un determinado valor en ambos miembros de la desigualdad, el signo de la desigualdad no cambia.

- Al multiplicar o dividir ambos miembros por un número positivo, el signo de la desigualdad no se modifica.

El conjunto solución son todos los valores mayores e iguales a $\frac{7}{3}$, y se expresa de la siguiente manera: $(\frac{7}{3} ; \infty)$. La representación en la recta numérica sería:

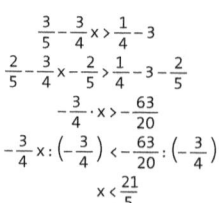

$$\frac{3}{5} - \frac{3}{4}x > \frac{1}{4} - 3$$

$$\frac{2}{5} - \frac{3}{4}x - \frac{2}{5} > \frac{1}{4} - 3 - \frac{2}{5}$$

$$-\frac{3}{4} \cdot x > -\frac{63}{20}$$

$$-\frac{3}{4}x : \left(-\frac{3}{4}\right) < -\frac{63}{20} : \left(-\frac{3}{4}\right)$$

$$x < \frac{21}{5}$$

- Al multiplicar o dividir ambos miembros de la desigualdad por un número negativo, el signo se modifica.

El conjunto solución serían todos los valores menores a $\frac{21}{5}$, y se expresa de la siguiente manera: $\left(-\infty ; \frac{21}{5}\right)$.

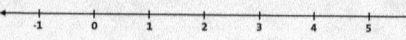

18. Representen en la recta numérica la solución de la inecuación anterior:

19. Resuelvan las siguientes inecuaciones y representen en la carpeta el conjunto solución de cada una en la recta numérica:

a) $x - 2 \geq 2 \cdot (x - 4)$

b) $x^2 + 8 \geq 2 \cdot (x^2 - 4)$

c) $\left(-\dfrac{1}{2}\right)^3 + 3 > \dfrac{1}{4} x + 2$

d) $-\dfrac{2}{5} x + \sqrt[3]{64} > -\dfrac{2}{3}$

e) $\dfrac{1}{3} x + 4 - \sqrt[3]{-27} < \dfrac{1}{4}$

f) $\dfrac{2}{5} x + (-2)^3 + \dfrac{3}{2} > \dfrac{7}{2}$

20. La suma entre un número **x** y el producto entre la raíz cúbica de −125 y la raíz cuadrada de 144 es menor o igual que 68. ¿Cuáles son los posibles valores de **x**?

21. La base menor de un trapecio es igual a las dos cuartas partes de la longitud de su base mayor, y su altura mide 13 cm. Calculen las longitudes de sus bases sabiendo que el área del trapecio es de 663 cm².

Una expresión fraccionaria puede pasarse a decimal dividiendo el numerador por el denominador.

Ejemplo: $\dfrac{3}{5} = 0{,}6$

Clasificación de expresiones decimales

Los números decimales se clasifican en:

* **Expresiones decimales finitas:** son aquellas que tienen un número finito de cifras decimales. Ejemplo: $\frac{147}{20} = 7,35$

* **Expresiones periódicas puras:** son las que tienen infinitas cifras decimales periódicas. Ejemplo: $\frac{124}{33} = 3,75757575.... = 3,\widehat{75}$

* **Expresiones periódicas mixtas:** tienen una parte decimal no periódica seguida de otra periódica. Ejemplo: $\frac{11}{45} = 0,24444444.... = 0,2\widehat{4}$

22. Clasifiquen en la carpeta los siguientes decimales:
a) 0,36   b) 0,01$\widehat{8}$ c) 3,$\widehat{48}$ d) 2,0$\widehat{7}$

Para pasar una expresión decimal a fracción, hay que tener en cuenta los siguientes casos:

* Expresión decimal finita: $7,35 = \frac{735}{100}$; en el numerador se escribe el número completo sin la coma y en el denominador un uno y tantos ceros como cifras decimales.

* Expresión decimal periódica: observen los siguientes ejemplos.

- **Ejemplo 1:** Para P = 0,$\widehat{8}$, se busca un nuevo número con el mismo período para luego restarle P, entonces se multiplica a P por 10, obteniendo: 10 · P = 8,8888 y luego se resta:

$$
\begin{array}{r}
10 \cdot P = 8,888888....\\
- \quad P = 0,888888....\\
\hline
9 \cdot P = 8
\end{array}
$$
          despejando P, quedaría $P = \frac{8}{9}$

- **Ejemplo 2:** Para P = 3,$\widehat{204}$, se busca un nuevo número con el mismo período y para ello se lo multiplica por 1000, obteniendo: 1000 · P = 3204,204204... y luego se resta:

$$
\begin{array}{r}
1000 \cdot P = 3204,204204....\\
- \quad P = \quad 3,204204....\\
\hline
999 \cdot P = 3201
\end{array}
$$
          despejando P, quedaría $P = \frac{3201}{999}$

- Ejemplo 3: Para $P = 4,0\widehat{6}$, como en este caso se trata de un decimal periódico mixto, hay que realizar dos multiplicaciones para obtener dos números decimales periódicos puros con el mismo período. Se multiplica a P por 100 obteniendo: $100 \cdot P = 406,6666...$, y se resta P multiplicado por 10:

$$
\begin{array}{r}
100 \cdot P = 406,6666.... \\
10 \cdot P = 40,6666.... \\
\hline
90 \cdot P = 366
\end{array}
$$

despejando P, quedaría $\quad P = \dfrac{366}{90}$

23. Escriban en forma de fracción los siguientes números decimales:

a) $3,6\overline{54} =$

b) $2,385 =$

c) $0,\overline{32} =$

d) $2,0\overline{5} =$

e) $4,\overline{253} =$

f) $0,86 =$

g) $0,2\widehat{6} =$

h) $2,03\overline{24} =$

24. Resuelvan los siguientes ejercicios pasando los decimales a fracción:

a) $0,\overline{3} + 0,\overline{6} + 0,13\overline{3} =$

b) $\left(\dfrac{2}{3} + \dfrac{91}{6} - 3,\overline{5} \right) : 2,\overline{7} =$

c) $(0,17 - 0,09) : (0,04 + 0,2) - \dfrac{0,02}{0,06} \cdot 1 : 1,11 =$

d) $1,0\widehat{2} : \dfrac{2}{3} - 2,7 \cdot (-0,\overline{6}) =$

e) $\left[(0,\overline{3} + 0,\overline{4} - 1,5) \cdot \dfrac{7}{11} \right] : \left[(1,2 + 1,\overline{2}) : \dfrac{24}{15} \right] =$

Módulo o valor absoluto

El módulo de un número es la distancia que abarca desde el lugar que ocupa en la recta numérica hasta el cero. Como es una distancia, su valor siempre es positivo.

Ejemplo:

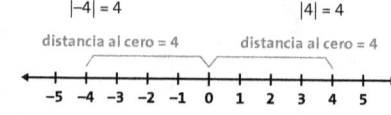

$|-4| = 4$ $|4| = 4$

distancia al cero = 4   distancia al cero = 4

25. Resuelvan:

a) $|\dfrac{4}{3} - 2| + 2 \cdot |\dfrac{3}{5} - 5| =$

b) $5 \cdot |9 - 15| - |\sqrt[3]{-125}| =$

c) $3 \cdot |\dfrac{2}{3} - \sqrt[3]{-216}| - \dfrac{1}{2} \cdot |2 - \dfrac{5}{3}| =$

d) $\dfrac{1}{4} \cdot |\sqrt{16} - 5| + \dfrac{2}{3} \cdot |(-2)^3 - 5| =$

Ecuaciones con módulo

Las ecuaciones con módulo muestran dos soluciones de la variable.

Ejemplos:

$|x| = 5$ tiene dos posibles resultados:

$$x = 5 \text{ y } x = -5$$

$|x - 13| = 10$ las posibilidades son que $x - 13 = 10$ y $x - 13 = -10$

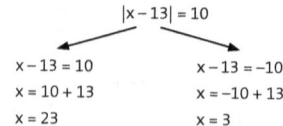

$|x - 13| = 10$

$x - 13 = 10$	$x - 13 = -10$
$x = 10 + 13$	$x = -10 + 13$
$x = 23$	$x = 3$

26. Encuentren los valores de x que verifican las siguientes igualdades:

a) $|4x - 6| = 14$

b) $\left|\dfrac{6}{10} - 6x\right| = 1{,}6$

c) $2 \cdot \left|\dfrac{3}{4} - x\right| = 2{,}5$

d) $\dfrac{1}{3} \cdot \left|2x - \dfrac{1}{2}\right| = \dfrac{3}{4}$

e) $\dfrac{2}{4} - 3 \cdot \left|\sqrt[3]{-27} + x\right| = \dfrac{2}{5} - 1$

f) $\left|\dfrac{1}{4}x - \dfrac{2}{3}\right| : 2 = \dfrac{1}{4} \cdot (-3)$

27. Encuentren el conjunto solución de las siguientes inecuaciones y luego, en sus carpetas, represéntenlo en la recta numérica:

a) $4 \cdot |2x - 15| + 12 \geq 26$

b) $\dfrac{2 \cdot |x : 3 + 9| - 15}{6} < 7$

c) $-4 \cdot |5x - 2| + 21 < 15$

d) $\dfrac{9 \cdot |4 + 7x|}{3} + 9 \geq 32$

e) $\dfrac{3 \cdot |9x + 6| - 13}{9} > 15$

28. Resuelvan las siguientes ecuaciones:

a) $\dfrac{5 - \dfrac{3}{10}x}{2} - \dfrac{2x - 1}{3} = \dfrac{5x - 3}{4}$

b) $\dfrac{7}{5} \cdot \left(\dfrac{5}{3} - \dfrac{3}{7}x \right) + 0,4 \cdot (x - 2) = 0,\overline{3} \cdot \left[\dfrac{4}{11} - 0,04\overline{5} \cdot (-4) \right]$

c) $\dfrac{\left(2 + \dfrac{1}{2x} \right)}{3} = \dfrac{1}{4} \cdot (x - 3,2) - \dfrac{(3x - 2)}{4}$

29. Mirtha salió de compras y gastó en la verdulería las dos sextas partes de lo que gastó en el supermercado; y en la farmacia las dos cuartas partes de lo que pagó en la verdulería. Si aún le quedan $ 38, ¿con cuánta plata salió de su casa?

30. Si el perímetro de una circunferencia es mayor que 119,32 cm, ¿cuáles son los posibles valores de su radio?

31. En un triángulo isósceles, el lado desigual es la mitad de cada uno de los lados iguales. ¿Cuánto puede medir el lado desigual, si el perímetro del triángulo debe ser menor o igual que 40 cm?

32. ¿Cuáles pueden ser los posibles valores del radio de un círculo si su área es mayor que 78,5 cm² y menor que 254,34 cm²?

33. Resuelvan las siguientes ecuaciones:

a) $\left(-\dfrac{1}{2} \right)^2 \cdot \left| 3x - \dfrac{1}{3} \right| = \sqrt{3 \cdot 14 + 22}$

b) $-\dfrac{6}{5} \cdot \left| x - \dfrac{1}{3} \right| - 2 = 1 \cdot \dfrac{2}{3}$

Números irracionales

2

Números reales.
Aproximación de números reales.
Operación con números reales.
Racionalización.

La sorpresa de los pitagóricos

La estrella pentagonal o pentágono estrellado era, según la tradición griega, el símbolo de los seguidores de Pitágoras. Los pitagóricos pensaban que el mundo estaba configurado según un orden numérico, en el que solo tenían importancia los números fraccionarios, pero al estudiar su propio símbolo se encontraron con un número particular al que llamaron número de oro y se representaba con el signo: ϕ.

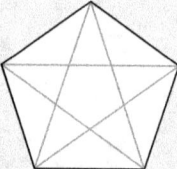

Los pitagóricos encontraron el número de oro al relacionar la diagonal del pentágono con el lado, como se muestra en la siguiente figura:

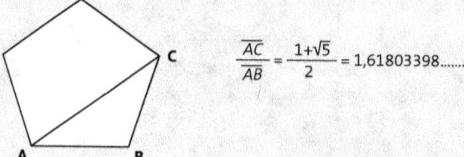

$$\frac{\overline{AC}}{\overline{AB}} = \frac{1+\sqrt{5}}{2} = 1{,}61803398\ldots\ldots$$

También lo comprobaron realizando el cociente entre los segmentos $\overline{QP}$ y $\overline{QN}$:

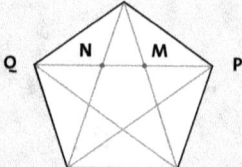

1. Dibujen un pentágono inscripto en una circunferencia de 3 cm de radio y verifiquen que se cumpla la **relación áurea**:

2. La longitud del legendario monstruo del lago Ness es de veinte metros más la mitad de su propia longitud. ¿Cuántos metros mide el monstruo?

3. La quinceava parte de los empleados de una empresa mira televisión alrededor de cuatro horas diarias, la décima parte mira tres horas diarias y las dos novenas partes mira dos horas por día. ¿Qué parte de los empleados de la empresa no mira televisión?

4. Resuelvan los siguientes ejercicios aplicando propiedades:

a) $\left(-\dfrac{3}{5}\right)^{3} \cdot \left(-\dfrac{3}{5}\right)^{4} \cdot \left(-\dfrac{3}{5}\right) : \left(-\dfrac{3}{5}\right)^{5} - \sqrt[3]{-\sqrt{64}} + 32^{0} =$

b) $\sqrt{6^{4} \cdot 5^{4}} + \left(\dfrac{2}{7}\right)^{-1} - \left[\left(\dfrac{1}{2}\right) \cdot \left(\dfrac{1}{2}\right)^{3}\right]^{2} + 8^{-1} =$

c) $\sqrt{\dfrac{1}{4} + \dfrac{11}{64}} : \left(\dfrac{3}{8}\right)^{-1} + 3 - \left(\dfrac{1}{4}\right)^{4} : \left(\dfrac{1}{4}\right)^{3} - \sqrt[5]{-243} =$

d) $\sqrt{\dfrac{1}{3} \cdot \dfrac{12}{36}} + \sqrt{144} - (-3)^{-2} + 2 \cdot 2^{3} : 2^{4} =$

5. Resuelvan los siguientes ejercicios aplicando la propiedad distributiva:

a) $\dfrac{2}{5} \cdot \left(3^{3} - \dfrac{5}{2}\right) + \sqrt{64} \cdot (-4 + 18) =$

b) $(2 - 16) \cdot \left(\dfrac{1}{3} + \dfrac{1}{2}\right) - \sqrt{0{,}01} =$

c) $-\dfrac{1}{\sqrt{16}} \cdot (2^{4} - 6) + \dfrac{3}{2} \cdot (18 + 16 \cdot 3) =$

6. Calculen la longitud del lado de un rombo cuyas diagonales miden 48 cm y 64 cm:

7. Calculen el lado de un triángulo equilátero cuya altura mide 8 cm:

8. Alejandro cambió una lámpara que se encuentra en un techo utilizando una escalera de tres metros y apoyando el pie de la misma a 80 cm de la pared.
Calculen la altura aproximada a la que se encuentra colocada la lámpara:

9. Resuelvan aplicando la propiedad distributiva, siempre que sea posible:

a) $\frac{2}{3} \cdot \left(7 + \frac{8}{5} - \sqrt[3]{-27}\right) + 12^2 : \sqrt[5]{243}) =$

b) $\left(-\frac{1}{4} + \frac{3}{2}\right) \cdot \left(\frac{1}{2} - 4\right) + \sqrt{\frac{1}{64}} + \sqrt{75 + 5^2} =$

c) $\sqrt{9 \cdot 49 \cdot 16} \cdot 2^{-1} + (-17 + 9)^2 - (-3)^4 =$

10. Escriban las siguientes expresiones como una única potencia de 6:

a) $\frac{6^{12} \cdot 6^3 \cdot 6^{-5}}{6^5 \cdot 6 \cdot 6^3} =$

b) $\left(\frac{6^8 \cdot 6 : 6^4}{6 \cdot 6^{-2} \cdot 6^3}\right)^2 =$

c) $\left[\left(\frac{6 \cdot 6^4 \cdot 6^{-2}}{6^8 \cdot 6^{-4} : 6}\right)^{-1}\right]^2 =$

d) $\frac{(6^2 \cdot 6^{-2} \cdot 6)^2 : (6 \cdot 6^2 \cdot 6^{-3})}{6} =$

11. Calculen las siguientes raíces:

a) $\sqrt[3]{2^6} =$

b) $\sqrt{-8^2} =$

c) $\sqrt{-5^2} =$

d) $\sqrt{3^4} =$

e) $\sqrt[3]{-4^3} =$

f) $\sqrt[6]{9^3} =$

12. En una casa, quieren alfombrar un cuarto cuadrado cuya diagonal mide 5 m.

a) ¿Cuántos metros cuadrados de alfombra se necesitan?

b) Calculen cuánto saldrá alfombrar ese cuarto si el metro cuadrado cuesta $35.

13. En el siguiente cuadrado **abcd**, de lado *una unidad*, realicen las siguientes construcciones:

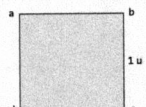

- Tracen la mediatriz del lado $\overline{ab}$. Llamen p al punto que quede determinado.
- Tracen un segmento que una los puntos p y b.
- Tomando como radio la longitud de la diagonal y como centro el punto p, tracen un arco de circunferencia hasta la recta que contiene la base del cuadrado.
- Tracen la semirecta $\overrightarrow{dc}$ hasta su intersección con el trazo del arco de circunferencia. Llamen q a ese punto.
- Finalmente realicen un rectángulo que tenga por base al segmento $\overline{dq}$ y de altura *una unidad*, como el cuadrado **abcd**.

Calculen la medida de la base del rectángulo que acaban de construir. Para eso, primero observen que está formado por la mitad de *una unidad*, más el largo del radio del arco de circunferencia, que se puede calcular aplicando el Teorema de Pitágoras:

$$\overline{pb}^2 = \overline{pc}^2 + \overline{bc}^2$$

$$\overline{pb}^2 = \left(\frac{1}{2}\right)^2 + 1^2$$

$$\overline{pb} = \sqrt{\frac{1}{4} + 1}$$

$$\overline{pb} = \sqrt{\frac{5}{2}}$$

Es posible decir entonces que la base del rectángulo mide:

$$\frac{1}{2} + \frac{\sqrt{5}}{2} = \frac{1 + \sqrt{5}}{2} = 1{,}61803398...,$$ que es el llamado número de oro ϕ.

Observen que la relación entre base y altura del rectángulo también es igual a ϕ. A todo rectángulo que cumple con esta relación se lo llama rectángulo áureo.

Números irracionales

Si observan el número φ, pueden ver que es un número con infinitas cifras decimales que no se repiten.

Los números con infinitas cifras decimales, no periódicas, no pueden expresarse en forma de fracción y se llaman **números irracionales**.

La unión del conjunto de los números racionales **Q** y el conjunto de los números irracionales **I** forma el conjunto de los números reales **R**.

Todos los puntos de la recta numérica pueden representarse con un número real.

Los números irracionales son: las raíces que tienen por resultado números que no son naturales, $\sqrt{2}$, $\sqrt{3}$, $\sqrt{5}$...; también el número **π**; el número **e** y, el ya mencionado, número φ.

14. Indiquen a qué conjuntos pertenece cada número:

	0,5	$\sqrt{5}$	$\sqrt{16}$	$\frac{3}{7}$	0,35̅6̅	$-\sqrt[3]{125}$	$\sqrt{7}$
N							
Z							
Q							
I							
R							

15. Indiquen cuáles de las siguientes raíces son números irracionales:

$\sqrt{124}$ $\sqrt[5]{1024}$ $\sqrt[3]{-125}$ $\sqrt{7}$ $\sqrt{111}$ $\sqrt[4]{16}$ $\sqrt[3]{-8}$

Números irracionales en la recta numérica

Para ubicar los números irracionales en la recta numérica se deben construir triángulos rectángulos, en los que la hipotenusa sea el número que se quiere ubicar.

Ejemplo:
- Para ubicar $\sqrt{2}$, hay que calcular la longitud de los catetos del triángulo para que la hipotenusa mida $\sqrt{2}$:

$$\sqrt{2}^{\,2} = a^2 + b^2$$
$$\sqrt{2} = \sqrt{a^2 + b^2}$$

Observen, que para que la suma dé como resultado 2, la única posibilidad es que los catetos del triángulo midan **una unidad**, por lo tanto se procede a la construcción del triángulo y, utilizando el compás, se traslada la medida de la hipotenusa a la recta:

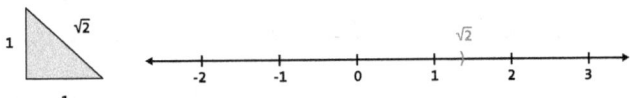

- Para ubicar $-\sqrt{2}$ se emplea la misma medida pero desde el cero hacia la izquierda:

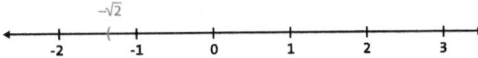

- Para ubicar $\sqrt{3}$, se puede usar la longitud obtenida en el ejemplo anterior, ya que $\sqrt{1^2 + (\sqrt{2}^2)} = \sqrt{3}$, por lo tanto el triángulo a emplear es el siguiente:

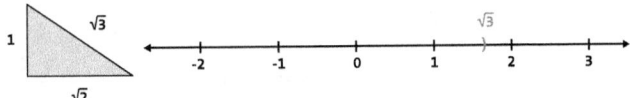

16. Ubiquen en la recta numérica los siguientes números:

a) $\sqrt{5}$

b) $2\sqrt{3}$

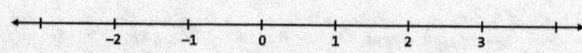

c) $\sqrt{8}$

d) $\sqrt{5}$

e) $\sqrt{10}$

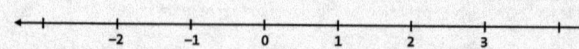

f) $-\sqrt{6}$

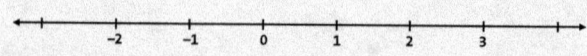

Operaciones con números reales

Para realizar algunas operaciones es importante recordar las siguientes propiedades:

$$(a \cdot b)^c = a^c \cdot b^c \qquad (a:b)^c = a^c : b^c \qquad \sqrt[m]{\sqrt[n]{a}} = \sqrt[m \cdot n]{a}$$

Ejemplos:

- $\left(\sqrt[3]{3} \cdot \sqrt[3]{4}\right)^3 = \left(\sqrt[3]{3}\right)^3 \cdot \left(\sqrt[3]{4}\right)^3 = 3 \cdot 4 = 12$

- $\left(16 : \sqrt{2}\right)^2 = 16^2 : \left(\sqrt{2}\right)^2 = 256 : 2 = 128$

- $\sqrt[2]{\sqrt[3]{729}} = \sqrt[6]{729} = 3$

17. Resuelvan los siguientes ejercicios aplicando propiedades:

a) $\left(39 : \sqrt{-9}\right)^2 + \sqrt[3]{-64} + (26 \cdot 24)^0 =$

b) $\left(\dfrac{2}{3}\right)^3 : 4 + \dfrac{1}{3} \cdot \left(6 - \dfrac{2}{9}\right) + \sqrt[4]{10000} =$

c) $\sqrt[2]{\left(128 : \sqrt[3]{2}\right)^3} + \sqrt[3]{0,001} \cdot 27 \cdot 50 =$

d) $-\left(8 \cdot \sqrt[3]{5}\right)^3 - \dfrac{1}{2} \cdot \sqrt{(-5)^2 + 96} + 3 =$

e) $\sqrt{\sqrt[3]{56 + 4040}} + \sqrt{\dfrac{4}{9} - \sqrt{0,16}} =$

f) $\sqrt{2,7} + \sqrt[3]{-\dfrac{1}{27}} + \sqrt{0,25} \cdot 5 - \left(\sqrt[3]{5} - 1\right)^3 =$

18. Resuelvan:

a) $\sqrt{16} + \sqrt{49} =$

b) $\sqrt{16+49} =$

c) $\sqrt{100} - \sqrt{16} =$

d) $\sqrt{100-16} =$

e) $(4 + 7)^2 =$

f) $4^2 + 7^2 =$

g) $7^2 - 9^2 =$

h) $(7 - 9)^2 =$

Si observan con atención los resultados obtenidos, podrán recordar que la potenciación y la radicación no son distributivas respecto de..........................

Extracción de factores del radical

$$\sqrt{1872} = \sqrt{2^2 \cdot 2^2 \cdot 3^2 \cdot 13} = \sqrt{2^2} \cdot \sqrt{2^2} \cdot \sqrt{3^2} \cdot \sqrt{13} = 2 \cdot 2 \cdot 3 \cdot \sqrt{13} = 12 \cdot \sqrt{13}$$

Se escribe el radicando como producto de factores primos.

19. Extraigan todos los factores posibles:

a) $\sqrt[5]{480} =$

b) $\sqrt[3]{243} =$

c) $\sqrt{4860} =$

d) $\sqrt{144 \cdot a^3} =$

e) $\sqrt{1000} =$

f) $\sqrt[4]{1215 \cdot a^4} =$

g) $\sqrt[3]{512 \cdot b^5} =$

h) $\sqrt[5]{192 \cdot a \cdot b^6} =$

Operaciones con números irracionales
Adición y sustracción

$$-\frac{1}{5} \cdot \sqrt{20} + \sqrt{45} - \sqrt{108} =$$

$$-\frac{2}{5} \cdot \sqrt{5} + 3 \cdot \sqrt{5} - \sqrt{5} - 6 \cdot \sqrt{3} =$$

$$-\frac{2}{5} \cdot \sqrt{5} + \frac{15}{5} \cdot \sqrt{5} - \frac{5}{5}\sqrt{5} - 6 \cdot \sqrt{3} =$$

$$\frac{8}{5} \cdot \sqrt{5} - 6 \cdot \sqrt{3}$$

- Primero se extraen todos los factores posibles de las raíces.

- Luego, se suma o se resta la parte racional de los términos que tienen el mismo número irracional.

20. Resuelvan las siguientes operaciones:

a) $\sqrt{396} + 2 \cdot \sqrt{252} - \sqrt{275} - \sqrt{44} + \sqrt{7} =$

b) $\sqrt{\dfrac{54}{36}} - \sqrt{\dfrac{32}{9}} + \sqrt{150} - \sqrt{\dfrac{18}{4}} =$

c) $\sqrt[3]{135} + \sqrt[3]{48} - \sqrt[3]{320} + \sqrt[3]{1296} + \sqrt{8} =$

d) $\sqrt{1250} + \sqrt{72} - \sqrt{1152} + \sqrt[3]{450} =$

e) $\sqrt{363} + \sqrt[3]{80} - \sqrt[3]{384} + \sqrt{1331} =$

Multiplicación y división

Se pueden presentar los siguientes casos:

♦ **Raíces con igual índice:** para resolverlas hay que aplicar la propiedad distributiva de la radicación respecto de la multiplicación o división:

$$\sqrt[n]{a \cdot b} = \sqrt[n]{a} \cdot \sqrt[n]{b} \qquad\qquad \sqrt[n]{a : b} = \sqrt[n]{a} : \sqrt[n]{b}$$

Ejemplos:

- $\sqrt{12} \cdot \sqrt{3} = \sqrt{12 \cdot 3} = \sqrt{36}$
- $\sqrt{18} : \sqrt{2} = \sqrt{18 : 2} = \sqrt{9} = 3$

♦ **Raíces con distinto índice e igual radicando:** para resolverlas se deben transformar las raíces en exponentes fraccionarios de la siguiente manera:

$$\sqrt[p]{a^q} = a^{\frac{q}{p}} \qquad \text{donde } q \text{ y } p \text{ son números naturales; } p \neq 1 \text{ y } a > 0.$$

Ejemplo:

$$\sqrt{7} \cdot \sqrt[3]{7} \cdot \sqrt[6]{7^4} = 7^{\frac{1}{2}} \cdot 7^{\frac{1}{3}} \cdot 7^{\frac{4}{6}} = 7^{\frac{1}{2} + \frac{1}{3} + \frac{4}{6}} = 7^{\frac{3}{2}} = \sqrt{7^3} = \sqrt{7 \cdot 7^2} = 7 \cdot \sqrt{7}$$

21. Expresen como una única raíz y resuelvan siempre que el resultado sea racional:

a) $\sqrt{2} \cdot \sqrt{8} \cdot \sqrt{16} =$

d) $\sqrt[2]{\sqrt[3]{27}} \cdot \sqrt[3]{\sqrt[2]{9}} =$

b) $\sqrt{125} : \sqrt{5} =$

e) $\sqrt[3]{2} \cdot \sqrt[3]{6} \cdot \sqrt[3]{18} =$

c) $\dfrac{\sqrt{5} \cdot \sqrt{35}}{\sqrt{6}} =$

f) $\dfrac{\sqrt[3]{15} \cdot \sqrt[3]{25}}{3} =$

22. Resuelvan las siguientes operaciones:

a) $\dfrac{\sqrt{5} \cdot \sqrt[5]{5} \cdot \sqrt[3]{5^2}}{\sqrt[3]{5^2}} =$

b) $\left(\sqrt[4]{6^3} \cdot \sqrt[3]{6} \cdot \sqrt{6} \right) : \left(\sqrt[3]{6^2} \right) \cdot 6 \cdot \sqrt{6^3} =$

c) $\dfrac{\sqrt[3]{2} \cdot \sqrt[3]{2} \cdot \sqrt[4]{2^6} \cdot \sqrt{2}}{\sqrt[4]{2^5} \cdot \sqrt{2^4}} =$

d) $\left(\sqrt{8} \cdot \sqrt[3]{8} \cdot \sqrt[4]{8} \right)^2 : \left(\sqrt{8^3} \cdot \sqrt[6]{8^2} \right) =$

Racionalización

La racionalización de radicales consiste en quitar los radicales del denominador para facilitar los cálculos:

- $\dfrac{a}{b \, \sqrt[n]{c^m}}$; siendo $n > m > 0$

se multiplican el numerador y el denominador por $\sqrt[n]{c^{n-m}}$

$$\frac{a}{b \, \sqrt[n]{c^m}} = \frac{a \cdot \sqrt[n]{c^{n-m}}}{b \, \sqrt[n]{c^m} \cdot \sqrt[n]{c^{n-m}}} = \frac{a \cdot \sqrt[n]{c^{n-m}}}{b \, \sqrt[n]{c^m} \cdot \sqrt[n]{c^{n-m}}} = \frac{a \cdot \sqrt[n]{c^{n-m}}}{b \, \sqrt[n]{c^n}} = \frac{a \cdot \sqrt[n]{c^{n-m}}}{b \cdot c}$$

Ejemplo:

$$\frac{a}{b \cdot \sqrt[3]{c}}$$

Para quitar el radical del denominador, en este caso, se deben multiplicar numerador y denominador por $\sqrt[3]{c^2}$

$$\frac{a}{b \cdot \sqrt[3]{c}} = \frac{a \cdot \sqrt[3]{c^2}}{b \cdot \sqrt[3]{c} \cdot \sqrt[3]{c^2}} = \frac{a \cdot \sqrt[3]{c^2}}{b \cdot \sqrt[3]{c^3}} = \frac{a \cdot \sqrt[3]{c^2}}{b \cdot c}$$

- Cuando en el denominador hay una suma o resta de dos términos (binomio), donde alguno o ambos son números reales:

$$\frac{a}{\sqrt{b} + \sqrt{c}}$$

Se multiplican numerador y denominador por el conjugado del denominador.

El conjugado de un binomio es igual al mismo pero con el signo central cambiado. $\sqrt{b} + \sqrt{c}$ su conjugado es $\sqrt{b} - \sqrt{c}$, por lo tanto:

$$\frac{a}{\sqrt{b} + \sqrt{c}} \cdot \frac{\sqrt{b} - \sqrt{c}}{\sqrt{b} - \sqrt{c}} =$$

Se aplica la propiedad distributiva en el numerador y denominador:

$$\frac{a \cdot \sqrt{b} - a \cdot \sqrt{c}}{\sqrt{b^2} - \sqrt{b} \cdot \sqrt{c} + \sqrt{c} \cdot \sqrt{b} - \sqrt{c^2}} =$$

$$\frac{a \cdot \sqrt{b} - a \cdot \sqrt{c}}{b - c}$$

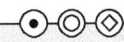

23. Racionalicen:

a) $\dfrac{5}{2\sqrt{2}} =$

b) $\dfrac{2}{3\sqrt{2}} =$

c) $\dfrac{2}{3\sqrt[5]{4}} =$

d) $\dfrac{2}{\sqrt{2}-\sqrt{3}} =$

e) $\dfrac{2}{4-2\sqrt{2}} =$

f) $\dfrac{2\sqrt{2}}{5-2\sqrt{6}} =$

g) $\dfrac{3\sqrt{2}-2\sqrt{3}}{3\sqrt{2}+2\sqrt{3}} =$

h) $\dfrac{\sqrt{2}}{\sqrt{3}-\sqrt{2}} =$

Notación científica

La notación científica se utiliza para expresar cifras que son muy grandes o muy pequeñas.

La cifra queda expresada como el producto de un número cuyo valor absoluto esté comprendido entre 1 y 9 inclusive, multiplicado por una potencia de 10.

Ejemplo:

$1.000.000 = 1 \cdot 10^6$

$2.345.600.000 = 2,34 \cdot 10^9$

$0,0000007 = 7 \cdot 10^{-7}$

24. Escriban en notación científica los siguientes números:

a) 7.650.000.000 =

b) 0,000000548 =

c) 0,00008 =

d) 820.000.000.000 =

e) 0,0000000015 =

f) 500.000.000 =

g) 0,0000256 =

h) 0,0000007 =

i) 6.100.000.000.000 =

j) 0,00067 =

25. Escriban los números que se encuentran expresados en notación científica:

a) $7,25 \cdot 10^9 =$

b) $2,35 \cdot 10^{-6} =$

c) $3,2658 \cdot 10^2 =$

d) $20,7 \cdot 10^{-5} =$

e) $3.15 \cdot 10^5 =$

f) $30,01 \cdot 10^{-3} =$

26. Resuelvan los siguientes cálculos y expresen los resultados en notación científica. Recuerden aplicar las propiedades de la potenciación cuando sea posible:

a) $3,5 \cdot 10^8 \cdot 4 \cdot 10^3 =$

b) $38 \cdot 10^9 : 2 \cdot 10^4 =$

c) $\dfrac{2,14 \cdot 10^4 \cdot 5 \cdot 10^8}{5 \cdot 10^{-2}} =$

Uso de la calculadora científica

Para realizar operaciones en notación científica, se puede utilizar la calculadora de la siguiente manera:

$$2,16 \cdot 107 \cdot 5,3 \cdot 105 =$$

con la calculadora sería:

2,16 | EXP | 7 | X | 5,3 | EXP | 5 | = |

En el visor verán el resultado $1,1448^{13}$, que significa $1,1448 \cdot 10^{13}$

27. El diámetro del Sol mide aproximadamente 1.392.000 km. Suponiendo que es una esfera perfecta, calculen su volumen y exprésenlo en notación científica:

28. La velocidad del sonido varía según el medio por el cual se transmite; en la atmósfera terrestre, a 20° C de temperatura, es de 343 m/s.

Calculen cuántos metros recorre, bajo esas condiciones, durante un año y exprésenlo en notación científica:

Aproximaciones

Cuando se trabaja con números irracionales, es imposible anotar y tomar en cuenta todas sus cifras decimales no periódicas para realizar los cálculos. Para ello las expresiones decimales que se usan son aproximaciones.

Se puede aproximar de dos maneras distintas:
* Por truncamiento: se suprimen directamente las cifras posteriores a la de nuestro interés.
* Por redondeo: también se suprimen las cifras posteriores a la de nuestro interés, pero aumenta una unidad si la cifra posterior es mayor o igual a cinco, y se deja igual en caso contrario.

Tengan en cuenta que cuando se aproxima, se cometen pequeños errores de cálculo.

Si se aproxima con un decimal, por ejemplo, se comete un error menor que 10^{-1}; esto significa que la diferencia entre el valor verdadero y la aproximación es a lo sumo 10^{-1}. Cuando se lo hace con tres decimales el error es menor que 10^{-3}.

Ejemplo: se aproxima $\sqrt{8} = 2,828427125.....$ con error menor que 10^{-2},

Por truncamiento, quedaría: 2,82

Por redondeo, quedaría: 2,83

29. Utilizando la calculadora completen el siguiente cuadro:

Valor exacto	Con error menor a	Truncamiento	Redondeo
$\sqrt[3]{9}$	10^{-1}		
$\sqrt{15}$			3,87298
$\sqrt[3]{6}$	10^{-2}		
$\dfrac{1}{7}$	10^{-4}		

30. Calculen el volumen exacto del prisma de base cuadrada y luego expresen el resultado con un error menor que 10^{-3}:

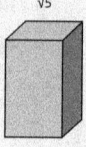

√5

√10

31. a) Calculen en forma exacta la superficie de un cuadrado inscripto en una circunferencia cuyo radio mide $\sqrt{7}$:

b) Expresen el resultado anterior con un error menor a 10^{-3}:

32. Racionalicen:

a) $\dfrac{5}{3 + 2 \cdot \sqrt{5}} =$

b) $\dfrac{\sqrt[3]{-2}}{3 \cdot \sqrt[3]{-32}} =$

c) $\dfrac{3a}{\sqrt{3} - \sqrt{5}} =$

d) $\dfrac{2 \cdot \sqrt{2}}{3 - \sqrt{18}} =$

33. Resuelvan los siguientes cálculos:

a) $-\sqrt[3]{\left(\sqrt[3]{-2} \cdot 5\right)^3} + \sqrt[5]{-3125} - \left[(-7)^2 \cdot (-7)\right]^3 : (-7)^6 =$

b) $\dfrac{\sqrt[3]{6^2} \cdot \sqrt[5]{6^3} \cdot \sqrt{6}}{\sqrt{6^3} \cdot \sqrt[3]{6}} =$

c) $\sqrt[3]{16000} + \sqrt[3]{432} - \sqrt[3]{5488} + \sqrt{54} - \sqrt{512} =$

d) $\left(\sqrt{5} \cdot \sqrt[3]{5^2}\right)^5 : \left(\sqrt{5^3} \cdot \sqrt[3]{5}\right) + \sqrt{4^2 + 4 \cdot 5} =$

e) $\sqrt[3]{128} \cdot \sqrt[3]{4} + \sqrt{6} - \sqrt{864} + \left(\sqrt{126} - \sqrt[3]{518}\right)^0 + \left(7 + \sqrt{36}\right)^2 =$

34. a) Calculen de forma exacta el volumen del siguiente cubo:

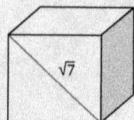

b) Expresen el resultado anterior con un error menor a 10^{-4}:

35. Completen el siguiente cuadro:

Valor exacto	Con error menor a	Truncamiento	Redondeo
$\sqrt{17}$	10^{-5}		
$\sqrt[3]{31}$		3,1413	
$\sqrt{32}$	10^{-3}		
$\sqrt[5]{24}$			1,89

36. Resuelvan y expresen los resultados en notación científica:

a) $\dfrac{9 \cdot 10^{-3} \cdot 5 \cdot 10^{-4}}{1,5 \cdot 10^{8}} =$

b) $\dfrac{1,6 \cdot 10^{-2} \cdot 5 \cdot 10^{5}}{4 \cdot 10^{-6}} =$

c) $\dfrac{7,2 \cdot 10^{-6}}{1,2 \cdot 10^{-6} \cdot 3 \cdot 10^{-1}} =$

37. Resuelvan los siguientes problemas utilizando notación científica.

a) Si la edad del Sol es aproximadamente de $5 \cdot 10^{9}$ años y se admitiera la existencia de cuerpos con el triple de su edad, ¿cuántos años tendrían?

b) Si el peso de Marte es aproximadamente de $6,2185 \cdot 10^{23}$ kg y el de Plutón $1,25 \cdot 10^{25}$, ¿qué relación existe entre los pesos?

3

Expresiones
algebraicas

Operaciones con monomios.
Adición y sustracción.
Multiplicación y división.
Regla de Ruffini.
Potenciación de polinomios.
Cuadrado de la suma y de la diferencia
de un binomio.
Diferencia de cuadrados.

¿Qué día de la semana nacieron?

Existe un algoritmo con el cual se puede saber con exactitud el día de la semana que fue o será una fecha en particular. En este caso está preparado para que averigüen el día de la semana en que nacieron. Inténtenlo:

Fecha de nacimiento: día ☐   mes ☐   año ☐

x : últimas dos cifras del año de nacimiento, entonces x = ☐

y : cociente de x : 4 , entonces y = ☐

A : resto de   (x   +   y   ) : 7

(☐ + ☐) : 7 , entonces A = ☐

B : Día de nacimiento; entonces B = ☐

C : Número de mes según la tabla:

Ene	Feb	Mar	Abr	May	Jun	Jul	Ago	Sep	Oct	Nov	Dic
0	3	3	6	1	4	6	2	5	0	3	5

entonces C = ☐

D : Número de siglo según la tabla

1800	1900	2000	2100	2200	2300
2	0	6	4	2	0

entonces D = ☐

Calculen:

Resto de   (A   +   B   +   C   +   D   ) : 7

Resto de   (☐ + ☐ + ☐ + ☐) : 7

El resto es: ☐

0	1	2	3	4	5	6
Dom	Lun	Mar	Mié	Jue	Vie	Sáb

1. El precio de lista de un metegol es de $700. Si se paga en doce cuotas, cobran un interés de un 10% sobre el precio de lista.

a) ¿Cuál es el valor de cada cuota?

b) ¿Cuál de las siguientes fórmulas permite calcular el valor de cada cuota? Demuéstrenlo a través del cálculo:

$$P = \frac{3}{40}\,x \qquad P = \frac{11}{120}\,x \qquad P = (x + \frac{10}{100}) : 12$$

c) Si se paga al contado, hacen un descuento del 15% sobre el precio de lista. ¿Cuál es el la fórmula necesaria para obtener el valor con descuento?

2. Resuelvan:

a) $4\,x - 17 = 5^{13} : 5^{12} + \sqrt{4} \cdot \sqrt{9}$ b) $(2 + x)^4 : 3 + 4 = 13^3 - \sqrt{9} + 9^1$

3. El perímetro de un triángulo isósceles es de 56 cm y la altura correspondiente al lado desigual es de 14 cm. ¿Cuál es valor de su área y de sus lados?

4. El rectángulo ABCD de la figura 1 tiene 54 cm de perímetro y 162 cm² de área. Si se recorta como se indica en la figura 2, ¿cuál es el valor del perímetro y del área del nuevo polígono?

Figura 1   **Figura 2**

5. Ordenen en forma decreciente, completen e indiquen el grado para cada expresión algebraica:

a) $8x^2 + 3 - 15x^3$

b) $-2a + 4a^4 + 5a^2 - 11$

c) $x^3 + 2x^4 - 3x^5 - 7 + 10x^2$

d) $-x^2 + 3 + 5x^3$

6. Hallen la expresión algebraica que represente el perímetro de cada una de las siguientes figuras:

a)

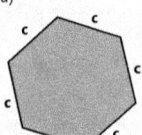

b)

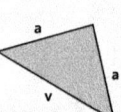

c)

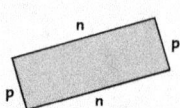

7. Expresen el área de la parte pintada en la siguiente figura:

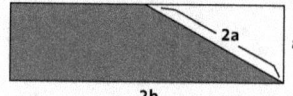

Expresiones algebraicas

Una expresión algebraica es la combinación de letras y números que se relacionan a través de una o más operaciones.

$4x^2$ es una expresión algebraica de variable x.

La **parte literal** de la expresión algebraica es la que está compuesta por las letras y sus exponentes. Los **coeficientes** de una expresión algebraica son los números.

Una expresión algebraica de un solo término se denomina **monomio**.

$-7x^3$ es un monomio, con x^3 como parte literal y -7 de coeficiente.

Dos monomios son **semejantes** si tienen la misma parte literal.

El monomio $9y^5$ es semejante al monomio $-2y^5$.

Si la expresión algebraica tiene dos términos, se llama **binomio**.

Cuando la expresión algebraica está formada por varios términos, recibe el nombre de **polinomio**.

$x^3 + 7x^2 - 8$ es un polinomio.

El **grado** de la expresión algebraica es el mayor exponente con el que se encuentra la variable, en los términos de coeficientes no nulos.

$5x^2 + 7x^4 - 2$ es un polinomio de grado 4.

$9x^3 + 0x^4 - 8x^5 + 6x$ es un polinomio de grado 5.

Una expresión algebraica está **ordenada** si sus términos están ordenados en forma creciente o decreciente respecto de los exponentes de la variable.

La expresión algebraica: $5x^3 + 7x^4 - 2$ no está ordenada, en cambio $7x^4 + 5x^3 - 2$ sí lo está.

Si una expresión algebraica tiene todos sus términos respecto de los exponentes de la variable, se dice que está **completa**.

La expresión $5x^3 + 3x^2 - 7x + 1$ está completa.

La expresión $-9x^4 + 2x^3 - 6x + 2$ no está completa, pero puede completarse de la siguiente manera: $-9x^4 + 2x^3 + 0x^2 - 6x + 2$.

Adición y sustracción de monomios

Para realizar estas operaciones deben sumarse y restarse solo los términos semejantes, o sea los que tengan la misma parte literal:

Ejemplos:

$7z + 2 + 8z + s + 5 = 15z + s + 7$ $4b^2 - 5b - 6b^2 + 2 - 3h = -5b - 2b^2 + 2 - 3h$

Multiplicación y división de monomios

Se multiplican o dividen los coeficientes y las partes literales.

Ejemplos:

$7x^3 \cdot 6x^5 = 42x^8$ $18a^5 : (-6a^2) = -3a^3$

8. Resuelvan las siguientes operaciones:

a) $9r + 6k + 2r - 5k =$

b) $2 + 20j^3 + 12e - 13j^3 - 11e =$

c) $3 - 2t - (-5t) + 9 =$

d) $20t^6 : 10t^3 =$

9. Hallen la expresión más simple del área de las siguientes figuras:

a)   b)   c)

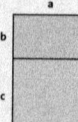
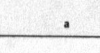
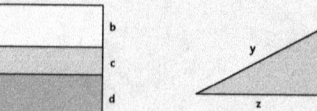

10. Completen con las expresiones algebraicas necesarias de tal modo que se cumplan las igualdades:

a) $8x^3 + 15x - 7x^2 + 3 + \big($ ⬭ $\big) = -2x^3 + 4x^2 - x + 1$

b) $\big($ ⬭ $\big) - 5x^2 + 8x - 16 = 4x + 7$

c) $576x^4 : \big($ ⬭ $\big) = -32x$

d) $-4x^3 \cdot$ ⬭ $\cdot 2x^2 = 4x^6$

e) $6x^3y^4 : \big($ ⬭ $\big) = 18xy^3$

Multiplicación de polinomios

11. Escriban la expresión algebraica del área de cada uno de los cuatro sectores indicados

Área sector **A**:

Área sector **B**:

Área sector **C**:

Área sector **D**:

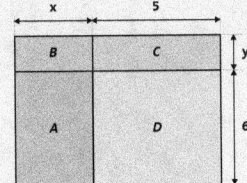

12. Hallen el área del rectángulo completo:

13. Completen con la expresión algebraica que verifica la igualdad:

$(x+5) \cdot (y+6) =$

Para la multiplicación, se debe aplicar la propiedad distributiva.

Ejemplos:

- $5a \cdot (3a^2 + 4) = 15a^3 + 20a$
- $(x + 4) \cdot (x - 7) =$
  $x \cdot x - x \cdot 7 + 4 \cdot x - 4 \cdot 7 =$
  $x^2 - 7 \cdot x + 4 \cdot x - 28 =$
  $x^2 - 3 \cdot x - 28$

Para la división de un polinomio por un monomio se aplica la propiedad distributiva a la derecha, siempre que el divisor sea distinto de cero.

Ejemplo:

- $(4xy - y^3) : y = 4x - y^2$

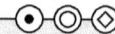

14. Resuelvan los siguientes cálculos:

a) $(x+12) \cdot (x+4) =$

b) $(9x^3 + 12x^2 - 21x^4) : 3x^2 =$

c) $(6x + 2) \cdot (4x - 3x) =$

d) $(x^2 - 4) \cdot (x+5) - (x+5) \cdot (x - 3) =$

15. Hallen la forma más simple de la expresión algebraica del perímetro y del área del siguiente polígono:

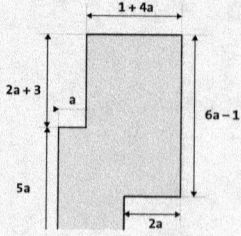

División de polinomios

Para dividir dos polinomios, se debe tener en cuenta que el polinomio dividendo $D(x)$ deberá ser de grado igual o mayor que el del divisor $d(x)$ y que este a su vez deberá ser distinto de cero.

Se hallarán el polinomio cociente $C(x)$ y el resto $R(x)$, de manera que:

$$\begin{array}{c|c} D(x) & d(x) \\ \hline R(x) & C(x) \end{array}$$

$D(x) = d(x) \cdot C(x) + R(x)$

Si $R(x) = 0$, la división es exacta.

Por ejemplo, para realizar la división: $(5x^3 + 7x^2 - 3) : (x^2 + 2x - 1)$:

* Se completa el polinomio dividendo (si fuese necesario), agregando los términos faltantes con coeficiente cero y se ordenan en forma decreciente:

$$\begin{array}{r|l} 5x^3 + 7x^2 + 0x - 3 & \underline{\quad x^2 + 2x - 1 \quad} \\ \underline{-5x^3 - 10x^2 + 5x} & 5x - 3 \\ -3x^2 + 5x - 3 & \\ \underline{+3x^2 + 6x - 3} & \\ 11x - 6 & \end{array}$$

* El primer término del cociente se obtiene dividiendo el monomio de mayor grado del dividendo por el monomio de mayor grado del divisor:

$$(5x^3) : (x^2) = 5x$$

* El producto entre $5x$ y el divisor se coloca cambiado de signo debajo del dividendo y luego se lo suma a este, obteniendo el primer resto de la división:

$$(-3x^2 + 5x - 3)$$

* Se repite el procedimiento realizando la división entre el monomio $(-3x^2)$ y el monomio (x^2), obteniéndose así el segundo término del cociente (-3). Se realiza el producto de (-3) por el divisor, cambiando el signo, se coloca debajo del primer resto y se suman, obteniéndose así el segundo resto, que es el resto final de la división:

$$11x - 6$$

$$(5x^3 + 7x^2 - 3) : (x^2 + 2x - 1) = (5x - 3) \quad \boxed{\text{Resto} \quad (11x - 6)}$$

⊙—⊙—◇

16. Resuelvan las siguientes divisiones:

a) $(12x^3 + 2x + 18x^2 + 3) : (2x + 3) =$

b) $(9x^2 - 3 + 6x) : (3x + 1) =$

c) $(13x^2 - 5x + 6x^3) : (3x - 1) =$

17. Resuelvan los siguientes cálculos combinados:

a) $(x^2 + 12x + 32) : (x + 4) + 9x^2 \cdot (7x - 3) =$

b) $(x + 3) \cdot (x - 9) + (x^2 + 6x + 8) : (x + 2) =$

c) $(13x + 3x^2 + 12) : (x + 3) + (x + 1) \cdot (x - 3) =$

Regla de Ruffini

Es un método práctico para dividir un polinomio por un binomio del tipo $(x \pm a)$.

Para dividir $(2x^3 + 3x^2 - 4) : (x + 1)$, con el método tradicional:

$$
\begin{array}{c|l}
2x^3 + 3x^2 + 0x - 4 & \underline{\quad x + 1 \quad} \\
\underline{-2x^3 - 2x^2} & 2x^2 + x - 1 \\
\quad\ x^2 + 0x & \\
\quad\ \underline{-x^2 - x} & \\
\qquad\ -x - 4 & \\
\qquad\ \underline{x + 1} & \\
\qquad\qquad -3 &
\end{array}
$$

$2x^2 + x - 1$ es el cociente y -3 es el resto

Para aplicar la regla de Ruffini:

* Se coloca en la primera fila los coeficientes del dividendo en forma completa y ordenada:

$$(2x^3 + 3x^2 - 0x - 4)$$

* Se coloca en la segunda fila, a la izquierda de la línea vertical el opuesto de *a:*

o sea -1

* En la última fila se escriben los coeficientes del cociente obtenidos de la siguiente manera: se baja el coeficiente de mayor grado del dividendo hasta la última fila y se lo multiplica por $-a$ o sea -1, y el resultado se coloca debajo del segundo coeficiente del denominador:

$$2 \cdot (-1) = -2$$

Se resuelve la columna y se halla el segundo coeficiente del cociente:

$$(3 - 2 = 1)$$

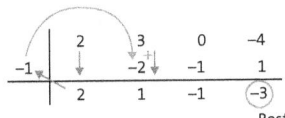

El proceso se repite:

$$1 \cdot (-1) = -1$$
$$0 + (-1) = -1$$

Luego:

$$-1 \cdot (-1) = 1$$
$$-4 + 1 = -3$$

El último número de la tercera fila es el resto (-3).

Los otros números de esa fila corresponden a los coeficientes del cociente. El cociente siempre empieza con un grado menor que el mayor grado del dividendo.

$$C(x) = 2x^2 + x - 1 \quad y \quad R(x) = -3$$

18. Resuelvan las divisiones aplicando la regla de Ruffini:

a) $(26x + 5x^3 - 8 + 27x^2) : (x + 4) =$

b) $(x + 3x^2 - 5x^4 + 2) : (x - 2) =$

c) $(x^2 - 9x - 9 + x^2) : (x - 3) =$

Potenciación

La potencia de una suma o una resta, se debe expresar como producto y luego se aplica la propiedad distributiva:

$$(b + 5c)^2 = (b + 5c) \cdot (b + 5c)$$
$$= b^2 + 10bc + 25c^2$$

19. Resuelvan las potencias:

a) $(3x + 2)^2 =$

b) $(k - \dfrac{2}{3})^2 =$

c) $(6w - 9)^2 =$

d) $(2n - 3g)^2 =$

e) $(4h^2 + 6j^3)^2 =$

Cuadrado de la suma de un binomio

Se aplica la propiedad distributiva:

$(a + b)^2 = (a + b) \cdot (a + b) = a^2 + ab + ba + b^2 = a^2 + 2ab + b^2$

El cuadrado de la suma de un binomio es igual al cuadrado del primer término más el doble producto del primer término por el segundo, más el segundo término al cuadrado:

$$(a + b)^2 = a^2 + 2ab + b^2$$

Cuadrado de la diferencia de un binomio

$$(a - b)^2 = (a - b) \cdot (a - b) = a^2 - ab - ba + b^2 = a^2 - 2ab + b^2$$

El cuadrado de la diferencia de un binomio es igual al cuadrado del primer término menos el doble producto del primer término por el segundo, más el segundo término al cuadrado:

$$(a - b)^2 = a^2 - 2ab + b^2$$

Interpretación geométrica del cuadrado de la suma de un binomio

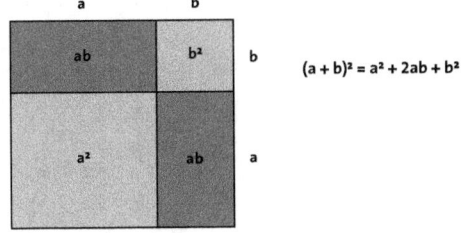

$$(a + b)^2 = a^2 + 2ab + b^2$$

Cubo de un binomio

Aplicando la propiedad distributiva, queda:

$$(a + b)^3 = (a + b) \cdot (a^2 + 2ab + b^2)$$
$$= a^3 + 2a^2b + ab^2 + ba^2 + 2ab^2 + b^3$$
$$= a^3 + 3a^2b + 3ab^2 + b^3$$

El cubo de un binomio es igual al cubo del primer término, más el triple del producto del primer término al cuadrado por el segundo, más el triple del primer término por el segundo al cuadrado, más el segundo término al cubo.

$$(a + b)^3 = a^3 + 3a^2b + 3ab^2 + b^3$$

Aplicando la propiedad distributiva, queda:

$$(a - b)^3 = (a - b) \cdot (a^2 - 2ab + b^2)$$
$$= a^3 - 2a^2b + ab^2 - ba^2 + 2ab^2 - b^3$$
$$= a^3 - 3a^2b + 3ab^2 - b^3$$

Interpretación geométrica del cubo de la suma de un binomio

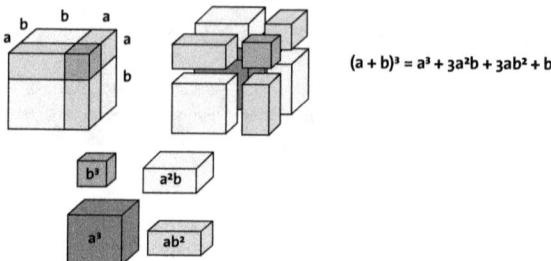

$(a + b)^3 = a^3 + 3a^2b + 3ab^2 + b^3$

20. Resuelvan los siguientes ejercicios desarrollando los cuadrados y cubos de un binomio, siempre que sea posible:

a) $(3b^2 - 7)^2 =$

b) $(2d^4 + \dfrac{1}{2}d)^2 =$

c) $(4c^2 + 2)^3 =$

d) $(a + 3)^2 =$

e) $(4a - 5) \cdot (4a + 5) =$

f) $(a - 5)^2 =$

g) $(b + 2)^3 =$

h) $(a - 4)^3 =$

i) $(a - 5) \cdot (a + 5) =$

j) $(a + 10) \cdot (a + 10) =$

k) $(a + 5)^2 =$

l) $(2 + 3a)^2 =$

m) $(-2g + g^3)^2 =$

n) $(3b^2 - b)^3 =$

21. Calculen la expresión algebraica del volumen de un cubo cuya arista es $2x + 3$:

22. Determinen la expresión algebraica del volumen de un cono, cuyo radio es $x - 2$ y su altura $x + 4$:

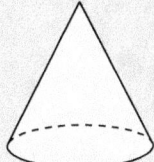

Diferencia de cuadrados

$(a + b) \cdot (a - b) = a^2 - ab + ba - b^2 = a^2 - b^2$

El producto de la suma de dos monomios por la diferencia de los mismos, es igual a la diferencia de sus cuadrados:

$$(a + b) \cdot (a - b) = a^2 - b^2$$

Interpretación geométrica de la diferencia de cuadrados

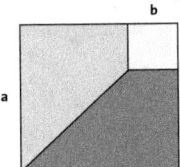
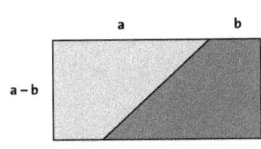

$$(a + b) \cdot (a - b) = a^2 - b^2$$

23. Hallen la diferencia de cuadrados de:

a) $(2x - 3) \cdot (2x + 3) =$

b) $(5x^3 + 8) \cdot (5x^3 - 8) =$

24. Dados los siguientes polinomios:

$$A(x) = 9x^2 + 3x + 3 \qquad B(x) = x^2 + 3x + 1 \qquad C(x) = x + \frac{1}{5}$$

$$D(x) = 3x \qquad E(x) = x + 1 \qquad F(x) = 3x + 2$$

Resuelvan:

a) $A(x) \cdot B(x) + F(x)$

b) $A(x) : F(x) \cdot D(x)$

c) $B(x) \cdot C(x)$

d) $C(x)^2 \cdot F(x)$

e) $B(x) : E(x) + F(x)$

25. Escriban las expresiones algebraicas que representen el perímetro y el área pintada de las siguientes figuras:

a)

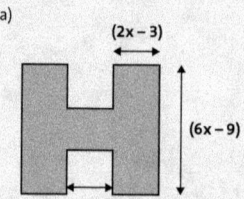

b)

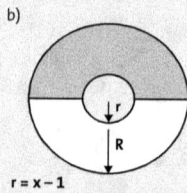

$r = x - 1$
$R = x + 3$

c)

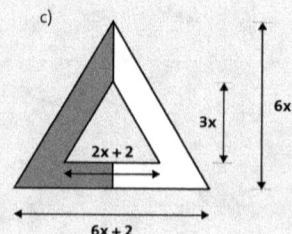

4

Función afín
Función lineal

Rectas paralelas y perpendiculares.
Ecuación de la recta que contiene dos puntos.
Intersección de dos rectas.

Unidades de medida de la temperatura

El grado Fahrenheit es una unidad de medida de la temperatura utilizada en los países anglosajones, mientras que en el resto del mundo se emplea mayoritariamente la escala centígrada. Es llamada así porque el físico alemán Daniel Fahrenheit (1686-1736), construyó en 1714 el primer termómetro con mercurio en vez de alcohol, graduándolo con la escala que lleva su nombre. Otro aporte importante de Fahrenheit a la física fue determinar que cada líquido tiene un punto de ebullición particular y que estos puntos de ebullición varían con los cambios de presión atmosférica. La escala se establece entre las temperaturas de congelación y evaporación del agua a una presión de 1 atmósfera, que son 32°F y 212°F, respectivamente.

La fórmula para convertir una temperatura medida en grados Fahrenheit a la correspondiente en grados centígrados es la siguiente:

$$C = \frac{5}{9} \cdot F - \frac{160}{9}$$

siendo C la temperatura centígrada y F la temperatura Fahrenheit.

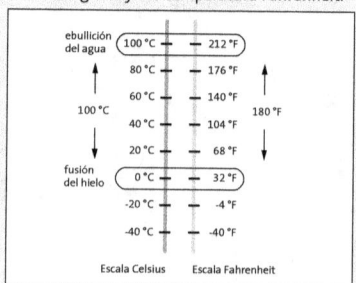

1. ¿A cuántos ° F hierve el alcohol si se sabe que lo hace a 78° C?

2. Si se conocen los grados centígrados, ¿cuál será la fórmula para hallar los grados Fahrenheit?

3. Completen la tabla:

Grados Centígrados	Grados Fahrenheit
158	
	85
	96
126,5	
99,5	

4. Indiquen las coordenadas de los puntos de los vértices del trapecio ABCD:

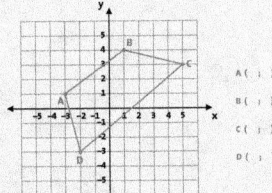

A (;)

B (;)

C (;)

D (;)

5. ¿Cuántos puntos tiene una recta?

6. ¿Cuántos puntos son necesarios como mínimo para dibujar una recta?

7. Los puntos: F (–2 ; 1) G (4 ; 3) H (2 ; 3) I (–4 ; 5) son vértices de un cuadrilátero ¿Cuál?

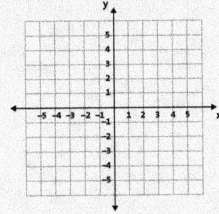

El metabolismo basal es el gasto energético diario, es decir, lo que un cuerpo en estado total de reposo y en un lugar con temperatura agradable (20º C) necesita diariamente para seguir funcionando. La Tasa Metabólica Basal (TMB) disminuye con la edad y con la pérdida de masa corporal. Al gasto general de energía también pueden afectarle las enfermedades, los alimentos y bebidas consumidos, la temperatura del entorno y los niveles de estrés. El metabolismo basal se calcula en kilocalorías/día y depende del sexo, la altura y el peso, entre otros factores. La Organización de las Naciones Unidas para la Agricultura y la Alimentación (FAO), que conduce las actividades internacionales encaminadas a erradicar el hambre, propone la siguiente fórmula para calcular aproximadamente la tasa metabólica, es decir, el consumo de energía diario necesario para una persona entre los 30 y 60 años con altura promedio en estado de reposo absoluto:

Edad (en años)	Hombres de altura promedio	Mujeres de altura promedio
30-60	$MB = 11{,}6 \cdot P + 879$	$MB = 8{,}7 \cdot P + 829$

Si se tiene actividad física, la energía que se necesita se calcula como múltiplo de la TMB. Por ejemplo, se considera que la actividad sedentaria precisa un gasto de 1,4 veces el metabolismo basal o 1,4 x TMB en el hombre y la mujer. La actividad ligera requiere un gasto de 1,55 x TMB en el hombre y 1,5 en la mujer; la actividad moderada insume 1,8 x TMB en el hombre y 1,6 en la mujer. Finalmente, la actividad intensa precisa 2,0 x TMB en el hombre y 1,8 en la mujer. Debido a su composición corporal, la mujer, aunque realice el mismo esfuerzo físico que el hombre, gasta menos calorías.

8. Completen la tabla utilizando la fórmula para hombres, y realicen el gráfico:

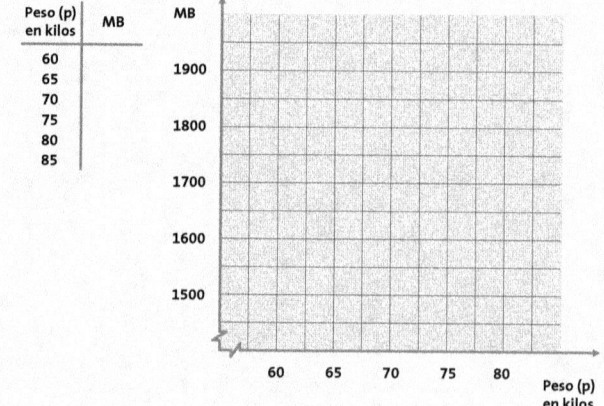

Peso (p) en kilos	MB
60	
65	
70	
75	
80	
85	

9. ¿Cuál es la energía que necesita un hombre de 65 años que realiza una actividad ligera?

10. ¿Qué peso tendrá un hombre cuyo MB es de 1714,2?

11. El punto de coordenadas (80;1807) ¿pertenece a la función? Y ¿el punto (95;1981)?. Verifiquen la respuesta en forma analítica.

El gráfico del problema **8** está representado en un sistema de **ejes cartesianos** donde la semirrecta horizontal se llama eje **x** o eje de **abscisas**; la semirrecta vertical se llama eje **y** o eje de **ordenadas**. El punto donde se cortan ambas semirrectas se denomina **origen de coordenadas**.

En el eje **x** siempre se representa la variable independiente (**dominio** de la función); en el eje **y** siempre se representa la variable dependiente (**imagen** de la función).

> **Función**
>
> Una función es una relación entre dos variables en la cual al valor de la primera le corresponde uno y solo un valor de la segunda; es decir, a cada valor de **x** le corresponde un único valor de **y**.

El problema 8 es una función porque para cada valor de peso corresponde un único valor de metabolismo basal.

◉─◎─◈─────────────────────────

12. Construyan una tabla y realicen el gráfico del metabolismo basal en función del peso en las mujeres:

Peso (p) en kilos	MB

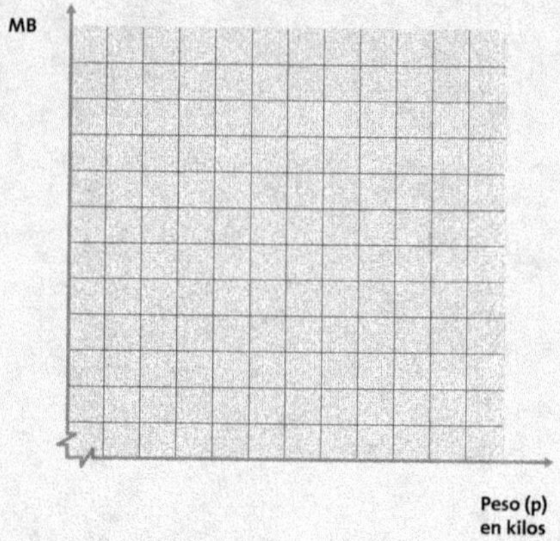

MB

Peso (p) en kilos

13. ¿Qué peso tiene una mujer si su MB es de 1307,5?

14. El punto (74 ; 1472,8)¿pertenece a la función? Y ¿el punto (1351 ; 60)?

Toda función que tiene por forma: $y = a \cdot x + b$ se denomina: **función afín**.
El gráfico de toda función afín es una recta donde:

a es la pendiente de la recta y **b** es la ordenada al origen.

Cuando una función afín pasa por el origen de coordenadas se la llama **función lineal**.
El punto donde la función intersecta al eje **x** se llama **raíz**.

15. ¿La función que relaciona el peso de los hombres con el metabolismo basal es afin? Si la respuesta es afirmativa, ¿cuál es el valor de a? y ¿el de b?

16. Determinen la relación entre el peso y el MB de las mujeres si es una función afín.

17. Indiquen si las siguientes fórmulas son funciones afines, en caso afirmativo, escriban el valor de la pendiente y el de la ordenada al origen.

a) $y = x^3 + 1$

b) $y = \dfrac{5}{2}x + 4$

c) $y = 2a$

d) $y = 4x - 8$

e) $y = -\dfrac{4}{5}x$

f) $y = 9$

g) $y = \dfrac{3}{5}x + 1$

h) $y = -\dfrac{2}{3}$

i) $y = 5b + 1$

j) $y = 5 + \dfrac{8}{3}x$

18. a) Completen la tabla de valores y luego grafiquen la función $y = \dfrac{1}{2}x + 3$:

x	$y = \dfrac{1}{2}x + 3$	y	
0	$y = \dfrac{1}{2} \cdot 0 + 3$	3	(0 ; 3)
2	$y = \dfrac{1}{2} \cdot 2 + 3$		(2 ;)
4			(;)
−2			(;)
−4			(;)

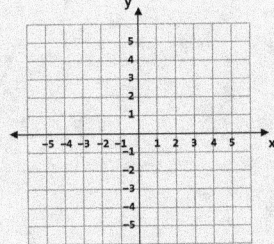

b) ¿Es una función lineal?

c) ¿Cuál es la raíz de la función del ejercicio a)? Hállenla gráfica y analíticamente:

d) Indiquen cuáles de los siguientes puntos (pertenecen) **∈** y cuáles (no pertenecen) **∉** a la función anterior:

$(84 ; 40)$ $(-18 ; -6)$ $(-6 ; -18)$ $(0,4 ; 3,2)$ $(24 ; 36)$ $(5 ; \frac{5}{2})$ $(-6 ; 0)$

☐   ☐   ☐   ☐   ☐   ☐   ☐

19. Grafiquen las siguientes funciones en el sistema de ejes coordenados:

a) $y = \frac{2}{3}x - 1$ b) $y = -\frac{1}{4}x$ c) $y = 3x - 2$ d) $y = -4x + 5$

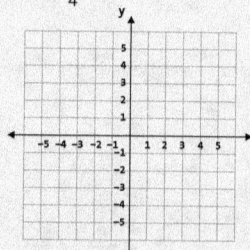

20. Para las funciones a y d, de la actividad anterior, indiquen cinco puntos que pertenezcan y cinco puntos que no pertenezcan a cada una de las rectas:

21. Grafiquen las siguientes funciones:

a) $y = 4x + 2$　　　　　b) $y = -3x + 1$　　　　　c) $y = -2$

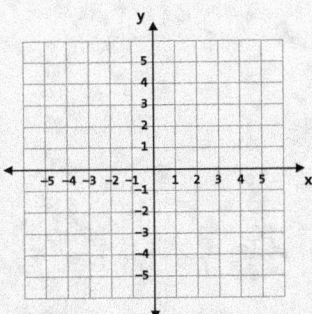

Una función es **creciente** cuando al aumentar los valores de **x**, también **aumentan** sus valores correspondientes en **y**.

Una función es **decreciente** si al aumentar los valores de **x**, **disminuyen** sus valores correspondientes en **y**.

Si al aumentar los valores de **x**, los valores de **y no aumentan ni disminuyen**, se dice que la función es **constante**.

22. Indiquen el comportamiento (creciente, decreciente o constante) de las funciones del ejercicio **21**.

23. ¿Qué relación encuentran entre el comportamiento de las funciones y el valor de su pendiente?

24. ¿Cuáles son las raíces de cada una de las funciones del ejercicio **21**?

Rectas paralelas y perpendiculares

25. Grafiquen en el sistema de ejes coordenados las siguientes funciones:

$$y = \frac{2}{5}x + 3 \qquad y = \frac{2}{5}x - 1 \qquad y = \frac{2}{5}x - 4$$

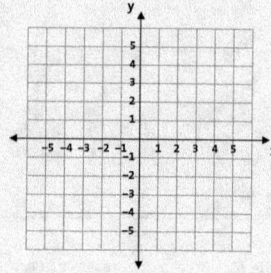

26. ¿Qué característica comparten las tres rectas? ¿Cuál es la posición relativa de las tres rectas?

27. Grafiquen en el sistema de ejes coordenados las siguientes funciones:

$$y = -\frac{3}{4}x + 5 \qquad y = \frac{4}{3}x + 1$$

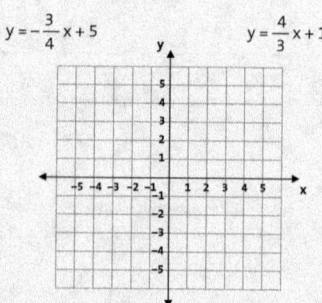

28. ¿Cuál es la posición relativa de las rectas de la actividad anterior?, ¿qué relación existe entre sus pendientes?

29. Si la ecuación de la recta es $y = \dfrac{d}{e}x + h$:

a) La ecuación de la recta paralela deberá ser:

b) La ecuación de la recta perpendicular será de la forma:

30. Para la función $y = \dfrac{1}{3}x + 1$:

a) Construyan la ecuación de una recta paralela:

b) Hallen la ecuación de una recta perpendicular:

c) ¿Son únicas?

d) Grafiquen las tres rectas en el mismo sistema de ejes coordenados.

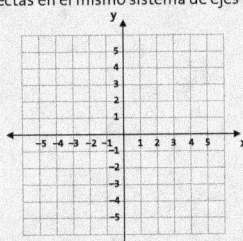

31. Hallen la ecuación de la recta que tiene por pendiente −2 y pasa por el punto de coordenadas $(3 ; -1)$:

32. Calculen la ecuación de la recta que contiene al punto $(-6 ; 6)$ y ordenada al origen 4:

33. Grafiquen las rectas de las actividades **31** y **32**:

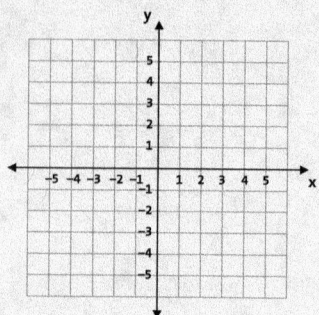

34. Hallen la ecuación de la recta paralela a: $y = \dfrac{5}{2}x - 1$, que contenga al punto $(8 ; 22)$:

35. Encuentren la ecuación de la recta que contiene al punto $(9 ; -16)$ y es perpendicular a la recta:

36. Grafiquen las rectas que obtuvieron en las actividades **34** y **35**:

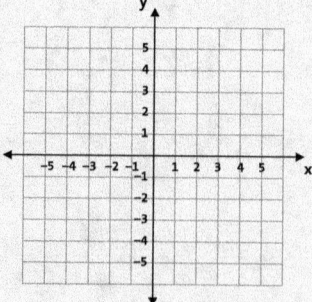

Ecuación de la recta que contiene dos puntos

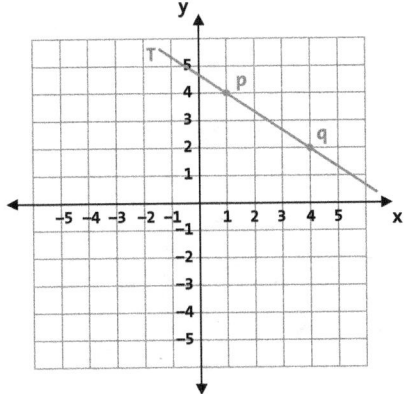

La recta T contiene a los puntos **p** (1 ; 4) y **q** (4 ; 2). Su pendiente puede calcularse de la siguiente manera:

$$a = \frac{yp - yq}{xp - xq}$$

Por lo tanto:
$$a = \frac{4 - 2}{1 - 4}$$

$$a = \frac{2}{-3}$$

$$a = -\frac{2}{3}$$

Una vez obtenido el valor de la pendiente, utilizando las coordenadas del punto **p** o del punto **q**, se puede hallar el valor de la ordenada al origen y luego la ecuación de la recta T:

$$T: \quad y = -\frac{2}{3}x + b$$

37. Utilizando las coordenadas del punto **p** o del punto **q**, calculen el valor de la ordenada al origen b y hallen la ecuación de la recta T:

38. Hallen la ecuación de la recta S que contiene a los puntos (–8 ; 0) y (12 ; 5). Grafíquenla:

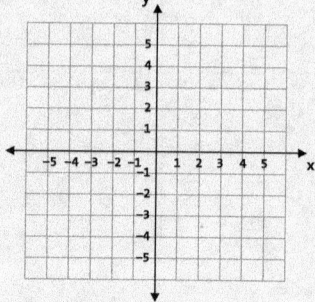

39. a) Hallen la ecuación de la recta U que pasa por los puntos **p**: (–18 ; 9) y **q**: (27 ; –1):

b) Utilizando el teorema de Pitágoras, calculen la distancia entre los puntos **p** y **q**:

c) ¿Cuál es la raíz de la función U?

40. a) Encuentren la ecuación de la recta H que contiene a los puntos **p**: (–10 ; –5) y **q**: (5 ; 1):

b) Utilizando el teorema de Pitágoras, calculen la distancia entre los puntos **p** y **q**:

c) Hallen la ecuación de la recta F perpendicular a H que contenga al punto (2 ; –1):

d) Grafiquen ambas rectas:

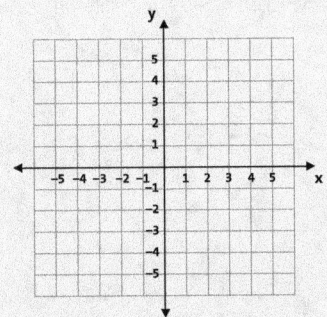

41. Indiquen cuáles de los siguientes puntos pertenecen a la recta F:

$(3 ; \frac{2}{5})$ $(\frac{1}{5} ; 0)$ $(0 ; 2)$ $(-3 ; 16)$ $(2 ; 9)$ $(-1 ; -4)$

☐   ☐   ☐   ☐   ☐   ☐

42. Obtengan las ecuaciones de las rectas de los siguientes gráficos:

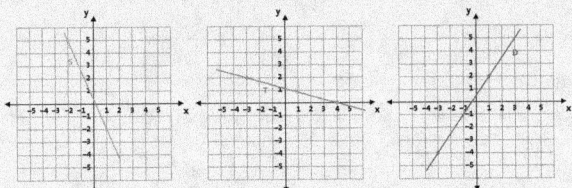

43. Para cada una de las funciones anteriores completen el cuadro:

RECTA	PENDIENTE	ORDENADA AL ORIGEN	RAÍZ	COMPORTAMIENTO
S				
T				
D				

44. Hallen la ecuación de la recta H que contiene al punto (–7 ; –7) y es paralela a la recta G que pasa por los puntos (14 ; 6) y (–21 ; -4):

45. Indiquen cinco puntos que pertenezcan y cinco puntos que no pertenezcan a la recta H:

46. Un operario cobra $ 1620 si trabaja 160 hs mensuales; pero si trabaja 175 hs cobrará $ 1717,5.
a) Encuentren una función afín que relacione el sueldo del operario con las horas trabajadas.

b) ¿Cuántas horas debería trabajar para ganar $1689.

47. Unan con flechas los datos con las ecuaciones que correspondan:

- A la recta S le pertenece el punto (–9 ; –43) $y = \dfrac{8}{3}x$

- La recta T tiene por raíz al punto (20 ; 0) $y = \dfrac{4}{9}x + 5$

- El comportamiento de la recta U es constante $y = -\dfrac{2}{5}x + 8$

- La recta V es una función lineal $y = -\dfrac{3}{4}x + 2$

                                           $y = 4$

                                           $y = 4x - 7$

Intersección de dos rectas

48. Grafiquen las rectas de ecuación:

$$S: \ y = -2x + 1 \qquad\qquad T: \ y = \frac{3}{2}x - 4$$

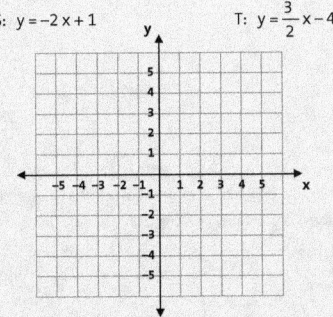

Por tener distinta pendiente, las rectas **S** y **T** deben cortarse en un punto. Si bien ambas rectas tienen infinitos puntos, sólo uno pertenece tanto a la recta **S** como a la recta **T**. Para hallar el punto donde se intersecan las rectas, se comienza por igualar las ecuaciones:

$$S = T$$
$$-2x + 1 = \frac{3}{2}x - 4$$
$$-2x - \frac{3}{2}x = -4 - 1$$
$$-\frac{7}{2}x = -5$$
$$x = -5 : -\frac{7}{2}$$
$$x = \frac{10}{7}$$

Reemplacen el valor obtenido en la ecuación de la recta **S** o **T** y hallen las coordenadas del punto de intersección. Verifiquen la respuesta obtenida con el gráfico realizado:

49. Hallen gráfica y analíticamente el punto donde se intersectan las rectas de ecuación $y = \dfrac{5}{7}x - 4$ e $y = x + 1$

50. En Economía, se llama curva de demanda a la función que relaciona el precio de un producto y la cantidad de consumidores que están dispuestos a comprarlo. La curva de oferta es una función que relaciona el precio que se pagaría un producto y la cantidad de estos que el fabricante está dispuesto a ofertar. El punto de intersección de ambas funciones es conocido como punto de equilibrio.

Si las curvas de demanda y de oferta de un producto son respectivamente $y = -\dfrac{1}{2}x + 4200$ e $y = 2x - 1800$, donde **x** es el precio en pesos del producto e **y** el número de productos ofertados, hallen el punto de equilibrio:

51. Las curvas de oferta y demanda de un determinado producto son: $y = \dfrac{6}{5}x - 1750$ $y = -\dfrac{7}{10} + 1670$. Encuentren el punto de equilibrio del mercado:

52. Verónica se dirige de Buenos Aires a Chascomús. Su ecuación de desplazamiento está dada por $y = 105\,x$ (donde **y** es el espacio recorrido y **x** es el tiempo empleado). En ese mismo momento, Carola se dirige de Chascomús a Buenos Aires y su ecuación de desplazamiento es $y = 110 - 120\,x$.

¿A qué distancia de Chascomús se encuentran? ¿Cuánto tardan en encontrarse?

53. a) Encuentren la ecuación de la recta H que contiene a los puntos (–10 ; –5) y (5 ; –2):

b) Hallen la ecuación de la recta F perpendicular a H que contenga al punto (2 ; –9):

c) Grafiquen ambas rectas:

d) Indiquen cuáles de los siguientes puntos pertenecen a la recta F:

(3 ; 0,4)   (3,4 ; 0)   (0 ; 2)   (–3 ; 16)   (2 ; 9)   (–1 ; –4)

☐   ☐   ☐   ☐   ☐   ☐

e) Hallen el punto de intersección entre las rectas F y H:

54. Para las rectas de ecuación: $y_1 = 4x + 2$ e $y_2 = 2x + 4$; indiquen si son verdaderas o falsas las siguientes afirmaciones y justifiquen cada respuesta:

a) y_1 es paralela a y_2.
b) y_1 es perpendicular a y_2.
c) y_2 es paralela a y_1.
d) El punto (12 ; 48) ∈ a la recta y_1.
e) El punto (0,5 ; 5) ∈ a la recta y_2.
f) El punto (2 ; 10) ∈ a la recta y_1, pero también ∈ la recta y_2.

55. La empresa de transporte Soletour tiene un cuadro tarifario en el cual se establece que cada pasajero deberá pagar $ 10 por cada valija o bolso que despache y $ 0,50 por cada kilómetro que recorra en sus micros.

a) ¿Cuánto cuesta un viaje de 150 km si el pasajero lleva dos valijas?

b) ¿Y si lleva dos valijas y viaja 225 km?

c) Construyan una fórmula que permita calcular el precio del viaje, con dos valijas, en función de los kilómetros recorridos:

d) Grafiquen la función obtenida:

e) ¿Cuál es la fórmula que relaciona el costo de un viaje en función de los kilómetros recorridos, para un pasajero que lleva una sola valija?

f) Obtengan el punto de intersección entre las dos funciones halladas. ¿Qué coordenadas tiene? ¿Qué significan?

g) ¿Cómo debe viajar un pasajero para que la función precio-kilómetro sea lineal?

56. ¿Cuál es el perímetro del triángulo que queda formado por las rectas de ecuación: $y = 2$; $y = x + 4$; $y = -\frac{3}{4}x + \frac{23}{4}$? Grafiquen:

Sistemas de ecuaciones

5

Método de igualación.
Método de sustitución.
Método de reducción por sumas y restas.
Método de determinantes.
Sistemas de inecuaciones lineales.

Convirtiendo penales

ACERTIJO

Como no tenía nada que hacer
a patear penales a Norberto reté,
como se sentía muy confiado,
sin vacilar aceptó y la apuesta redobló.

Por cada gol que él convirtiera
medio peso mío iría a su billetera.
Pero si su disparo atajaba,
en tres cuartos de peso mi fortuna aumentaba.

Treinta penales mi amigo pateó
y la fortuna a ninguno sonrió.
Si con talentos matemáticos Dios te dotó
dime cómo el marcador quedó.

1. Estimen el marcador final: ¿se convirtieron o se atajaron más penales?

2. Hallen el punto donde se intersecan las rectas $y = \frac{2}{5}x + 1$ e $y = -2x + 3$:

3. Grafiquen las rectas anteriores y verifiquen el punto obtenido:

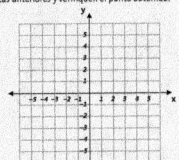

4. La suma de tres números impares consecutivos es 177. ¿Cuál es el mayor de ellos?

5. Resuelvan las inecuaciones:

a) $24 \le 3x - 12 < 66$

b) $8 < \frac{2}{5}x + 4 < 14$

6. Por el pago al contado de una camisa me hicieron un descuento del 15%. ¿Cuál es el precio de la camisa sin descuento si pagué $ 74,80?

7. El supermercado del barrio tiene en oferta las cajas de tomates y las latas de duraznos. Mercedes compró 2 cajas de tomates y 8 latas de duraznos, pagando $ 56. Juan Carlos pagó $ 48 por su compra de 4 latas de duraznos y 6 cajas de tomates. ¿Cuál es el valor de cada caja de tomates? Y ¿de cada lata de duraznos?

Para responder las preguntas anteriores, completen las siguientes tablas:

La compra de Mercedes pudo haber sido:

Precio de cada caja de tomates	Precio de cada lata de duraznos
24	
	2
8	5
16	
	6
	4

Y la de Juan Carlos:

Precio de cada caja de tomates	Precio de cada lata de duraznos
2	
4	
	3
8	

Tanto para la compra que realizó Mercedes como para la que realizó Juan Carlos, existen varias respuestas posibles, pero solamente una coincide en las dos tablas. ¿Cuál?

Otra forma de buscar solución a este problema sería a través de ecuaciones:

Si se llama **x** al precio de cada caja de tomates e **y** al precio de cada lata de duraznos, la ecuación que representa la compra de Mercedes, será:

$$2x + 8y = 56$$

La ecuación que describe la compra de Juan Carlos:

$$6x + 4y = 48$$

Verifíquenlas:

Sistema de ecuaciones de primer grado con dos incógnitas

Es aquel en el que se relacionan dos ecuaciones de primer grado, cada una con dos incógnitas (generalmente x e y).

Resolver un sistema significa hallar el valor de las incógnitas que responden simultáneamente a ambas ecuaciones.

Para el problema anterior, el sistema quedaría:

$$\begin{cases} 2x + 8y = 56 \\ 6x + 4y = 48 \end{cases}$$

Un sistema de ecuaciones de primer grado con dos incógnitas es representado geométricamente por dos rectas, y la solución del mismo es el punto donde ellas se intersecan.

Por lo tanto, el sistema anterior se puede expresar como las ecuaciones de dos rectas, despejando en ambas la incógnita y.

$2x + 8y = 56$ $6x + 4y = 48$ (despejen y)

$$8y = 56 - 2x$$

$$y = \frac{56 - 2x}{8}$$

$$y = \frac{56}{8} - \frac{2}{8}x$$

$$y = 7 - \frac{1}{4}x$$

Una vez despejadas las y de ambas ecuaciones, igualen los resultados obtenidos, resolviendo la ecuación de forma análoga a la intersección de dos rectas y obtengan de esta forma la solución del sistema:

Para resolver sistemas de ecuaciones, se pueden utilizar cuatro métodos distintos.

> **Método de igualación**
>
> El método utilizado en el problema anterior se llama **igualación**, y consiste en despejar la misma incógnita de las dos ecuaciones e igualar los resultados obtenidos.

8. Resuelvan los siguientes sistemas utilizando el método de igualación:

a) $\begin{cases} 3x + 5y = -9 \\ -6x + 8y = -18 \end{cases}$

b) $\begin{cases} x + 4y = 4 \\ 9x + 2y = 19 \end{cases}$

c) $\begin{cases} y + 9x - 2 = 0 \\ -6y + 6 = 15x \end{cases}$

d) $\begin{cases} x = 8 - y \\ y = \dfrac{24 - 9x}{-15} \end{cases}$

e) $\begin{cases} 6y = -\dfrac{71}{3} - 3x \\ 9 = 9x - 2y \end{cases}$

f) $\begin{cases} 13x - 12y = -61 \\ 6x + 8y = 26 \end{cases}$

g) $\begin{cases} 8y = 4x - 48 \\ 5x = 17y + 81 \end{cases}$

h) $\begin{cases} -7 + 5x = -12y \\ -24 = -4y + 12x \end{cases}$

i) $\begin{cases} 16 = 7y + 8x \\ -\dfrac{9}{2} = 6x - 3y \end{cases}$

j) $\begin{cases} -5x + 11y = 54 \\ 68 = 10x + 22y \end{cases}$

9. Resuelvan en forma gráfica, como verificación, los sistemas b, c y d:

10. Otra forma de verificar si son correctos los resultados obtenidos consiste en reemplazar los correspondientes valores de **x** e **y** en el sistema original, y corroborar que se cumplan las igualdades. Verifiquen las ecuaciones del punto **8**:

11. Relean la sección "Concentrados en la lectura", escriban las ecuaciones correspondientes y resuélvanlas:

12. Planteen las ecuaciones y resuelvan:
a) La diferencia entre la edad de Daniel y la de Carlos es 16. ¿Cuál será la edad de cada uno, si se sabe que las mismas suman 90?

b) Un grupo de segundo año está formado por 37 alumnos. Hoy faltaron 5 varones y 2 chicas, por eso el número de mujeres es el doble que el de varones. ¿Cuántos alumnos de cada sexo hay en el curso?

c) La suma entre el triple de un número y el doble de otro es 11. La diferencia entre el triple del mayor y el doble del menor es 43. ¿Cuáles son los dos números?

Método de sustitución

13. Un comerciante gastó $ 2.894 por la compra de 54 camisas de manga corta y de manga larga. Si el costo de cada camisa de manga corta es $ 49 y el de cada camisa de manga larga $ 57, ¿cuántas camisas de cada tipo compró?

Si se llama **x** a las camisas de manga corta e **y** a las de manga larga, queda planteado:

$$\begin{cases} x + y = 54 \\ 49x + 57y = 2894 \end{cases}$$

De la primera ecuación se puede despejar la incógnita **x**, quedando:

$$x = 54 - y$$

y ese resultado se puede reemplazar en la segunda ecuación:

$$49 \cdot \underbrace{(54 - y)} + 57y = 2894$$

Reemplaza al valor de **x** de la segunda ecuación.

Se aplica la propiedad distributiva:

$$49 \cdot 54 - 49y + 57y = 2894$$
$$2646 - 49y + 57y = 2894$$

Se agrupan los términos que tienen **y** por un lado y los numéricos por el otro:

$$-49y + 57y = 2894 - 2646$$

Se resuelve:

$$8y = 248$$

$$y = \frac{248}{8}$$

$$y = 31$$

Se reemplaza el valor de **y** obtenido en la ecuación:

$$x = 54 - y$$

Se calcula el valor de **x**. Resuélvanlo y verifiquen el resultado obtenido:

El método utilizado para resolver el sistema anterior consiste en despejar una incógnita en una de las ecuaciones y reemplazar lo obtenido en la otra, por eso se llama de **sustitución**.

14. Resuelvan los siguientes sistemas aplicando el método de sustitución, y verifiquen en cada caso los resultados obtenidos:

a)
$$\begin{cases} x = -\dfrac{5}{8}y - \dfrac{13}{8} \\ -4x + 10 = -3y \end{cases}$$

b)
$$\begin{cases} x + 6y = 11 \\ 9x - 5y = -19 \end{cases}$$

c)
$$\begin{cases} x + y = 1 \\ 6x - 9y = -4 \end{cases}$$

d)
$$\begin{cases} 23x + 28 = -14y \\ -\dfrac{4}{5}x - \dfrac{1}{2}y = 1 \end{cases}$$

e)
$$\begin{cases} 7y = 11 - 3x \\ x = \dfrac{-8y - 5}{\dfrac{1}{2}} \end{cases}$$

f)
$$\begin{cases} y = \dfrac{3 - \dfrac{8}{4}x}{\dfrac{1}{5}} \\ x = -22 - 2y \end{cases}$$

g)
$$\begin{cases} x - y = 13 \\ 7y = 8x - 104 \end{cases}$$

h)
$$\begin{cases} 2y - 9x + 8 = 0 \\ -5y = 4x - 33 \end{cases}$$

i) $\begin{cases} \dfrac{2}{3}x = -\dfrac{1}{4}y - 3 \\ 13x - 2y = -7x \end{cases}$

j) $\begin{cases} x + 12y = -6 \\ 7x = 6y - 27 \end{cases}$

Resuelvan en forma gráfica, como verificación, los sistemas b, c y g:

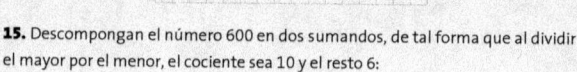

15. Descompongan el número 600 en dos sumandos, de tal forma que al dividir el mayor por el menor, el cociente sea 10 y el resto 6:

16. Claudio, el relojero del barrio, compró dos relojes a $ 82 y los vendió a $ 92,35. Calculen cuánto pagó cada reloj si por el primero tuvo una ganancia del 10 % y por el segundo del 15 %.

17. En un rectángulo, la diferencia entre los lados es de 8 cm. Si se alarga cada lado en 3 cm el perímetro será de 86 cm. ¿Cuánto mide cada uno de los lados del rectángulo?

Método de reducción por sumas y restas

Observen la siguiente ecuación:
$$2x + 5y = 41$$

Tiene como solución al par ordenado (3 ; 7). Verifíquenlo.

Si multiplican toda la ecuación por un número cualquiera, distinto de cero, por ejemplo 4; les quedará:

$$4 \cdot (2x + 5y = 41)$$

$$8x + 20y = 164$$

Esta última ecuación también tiene como solución al par ordenado (3 ; 7). Verifíquenlo.

En estos casos, se obtiene lo que se llama, una ecuación linealmente dependiente, pues se obtiene de multiplicar por un número a la ecuación inicial.

18. En vez de contar las motos y los cuatriciclos, el empleado de una concesionaria, contó 170 ruedas y 52 manubrios. ¿Cuántas motos y cuántos cuatriciclos hay en la concesionaria?

Si se llama **x** al número de cuatriciclos e **y** al de motos, las ecuaciones quedarán:

$$\begin{cases} x + y = 52 \\ 4x + 2y = 170 \end{cases}$$

Como en la segunda ecuación la **x** está multiplicada por 4, va a resultar conveniente multiplicar por este mismo número a la primera de las ecuaciones:

$$4 \cdot \left(\begin{cases} x + y = 52 \\ 4x + 2y = 170 \end{cases} \right)$$

Y queda:

$$\begin{cases} 4x + 4y = 208 \\ 4x + 2y = 170 \end{cases}$$

Al restar término a término, quedará:

$$\begin{cases} 4x + 4y = 208 \\ \\ 4x + 2y = 170 \end{cases}$$

_____

$2y = 38$ Despejando el valor de **y**:
$y = 38 : 2$
$y = 19$ (cantidad de motos)

Una vez obtenido el valor de una de las incógnitas, se retoma la ecuación inicial:

$$\begin{cases} x + y = 52 \\ 4x + 2y = 170 \end{cases}$$

Entonces, se multiplica la primera ecuación por 2. ¿Por qué?

$$2 \cdot \left(\begin{cases} x + y = 52) \\ 4x + 2y = 170 \end{cases} \right.$$

Resuelvan el cálculo anterior y hallen la cantidad de cuatriciclos que hay en la concesionaria:

Para el sistema:

$$\begin{cases} 2x + 5y = 3 \\ -7x + 8y = -8 \end{cases}$$

Se observa que puede multiplicarse la primera ecuación por 7 y la segunda por 2:

$$7 \cdot \left(\begin{cases} 2x + 5y = 3 \end{cases} \right)$$
$$2 \cdot \left(\begin{cases} -7x + 8y = -87 \end{cases} \right)$$

Quedando:

$$\begin{cases} 14x + 35y = 21 \\ -14x + 16y = -174 \end{cases}$$

De esta manera, las **x** de las ecuaciones quedan multiplicadas por 14 y −14 (números opuestos). Entonces para reducirlas en vez de restar se debe sumar:

$$+ \begin{cases} 14x + 35y = 21 \\ -14x + 16y = -174 \end{cases}$$

$$\overline{\qquad\qquad\qquad}$$

$$51y = -153$$

$$y = -\frac{153}{51}$$

$$y = -3$$

19. Partan nuevamente del sistema principal y redúzcanlo para obtener el valor de **x**.

20. Relean lo realizado hasta ahora y escriban el procedimiento que deben aplicar para resolver un sistema de ecuaciones utilizando el método de reducción por sumas y restas:

21. Resuelvan los siguientes sistemas aplicando el método de reducción por sumas y restas. Verifiquen en cada caso los resultados obtenidos:

a) $\begin{cases} 9x + 12y = 48 \\ x = \dfrac{44,5 + 7y}{8} \end{cases}$

b) $\begin{cases} 4x = 6y - 24 \\ x - 31 = -17y \end{cases}$

c) $\begin{cases} x = -\dfrac{8y + 10}{6} \\ -5y = 9x - 8 \end{cases}$

d) $\begin{cases} 4x + 12y = -3 \\ 15y = -7 + 8x \end{cases}$

e) $\begin{cases} \dfrac{3}{5}x - 10 = -2y \\ x = \dfrac{7y + 46}{6} \end{cases}$

f) $\begin{cases} y = \dfrac{1}{3} - 17x \\ 8x - 12y = -4 \end{cases}$

g) $\begin{cases} 2y = 21x - \dfrac{13}{2} \\ x = \dfrac{4y - 4}{9} \end{cases}$

h) $\begin{cases} 12x + 6y = -6 \\ 5y + x = 4 \end{cases}$

i) $\begin{cases} y = -\dfrac{x}{2} \\ 6x = 3y - 30 \end{cases}$

j) $\begin{cases} 5x + 10 = 20 \\ y = 19 + 8x \end{cases}$

22. En que club cobran el acceso a la pileta: $ 24 a los mayores de 12 años y $ 15 a los menores. El viernes concurrieron 65 personas y se recaudaron $ 1.182. Indiquen la cantidad de mayores y de menores que fueron a la pileta:

23. Una sala de cine tiene una capacidad para 320 espectadores; cada entrada cuesta $ 25 y hacen un descuento del 25% a los jubilados. Para la función de hoy se vendieron todas las localidades con una recaudación de $ 6.981,25. ¿Cuántas entradas para jubilados se vendieron?

Método de determinantes

Este último método consiste en organizar los valores de los coeficientes de forma tal que con simples operaciones, se pueden obtener los valores de las incógnitas.

Todo sistema de ecuaciones puede expresarse como:

$$\begin{cases} ax + by + c = 0 \\ dx + ey + f = 0 \end{cases}$$

Con los coeficientes a; b; c; d; e; f se forman tres determinantes y se resuelven como se indica a continuación:

$$\Delta \begin{vmatrix} a & b \\ d & e \end{vmatrix} = ae - db \qquad \Delta x = \begin{vmatrix} a & b \\ d & e \end{vmatrix} = bf - e \qquad \Delta y = \begin{vmatrix} a & b \\ d & e \end{vmatrix} = cd - af$$

(Al valor Δ se lo llama incremento.)

Luego, se realizan los siguientes cocientes obteniendo los valores de **x** e **y** buscados:

$$x = \frac{\Delta_x}{\Delta} \qquad\qquad y = \frac{\Delta_y}{\Delta}$$

Ejemplo:

$$\begin{cases} 8x - 13y = -69 \\ \dfrac{1}{2}x + 2y = 21 \end{cases}$$

De la forma:

$$\begin{cases} 8x - 13y + 69 = 0 \\ \dfrac{1}{2}x + 2y - 21 = 0 \end{cases}$$

Se constituyen los determinantes y se resuelven:

$$\Delta \begin{vmatrix} 8 & -13 \\ \frac{1}{2} & 2 \end{vmatrix} = 8 \cdot 2 - \frac{1}{2} \cdot (-13) = \frac{45}{2}$$

$$\Delta_x = \begin{vmatrix} -13 & 69 \\ 2 & -21 \end{vmatrix} = -13 \cdot (-21) - 2 \cdot 69 = 135$$

$$\Delta_y = \begin{vmatrix} 69 & 8 \\ -21 & \frac{1}{2} \end{vmatrix} = 69 \cdot \frac{1}{2} - (-21) \cdot 8 = \frac{405}{2}$$

Se resuelven los cocientes y se hallan los valores de las incógnitas:

$$x = \frac{\Delta x}{\Delta} = \frac{135}{\frac{45}{2}} = 6 \qquad\qquad y = \frac{\Delta y}{\Delta} = \frac{\frac{405}{2}}{\frac{45}{2}} = 9$$

24. Resuelvan los siguientes sistemas utilizando el método de determinantes:

a) $\begin{cases} \dfrac{1}{2}x + \dfrac{7}{2}y = 12 \\ 6x - 3y + 60 = 0 \end{cases}$

b) $\begin{cases} 5x = 16 - 4y \\ -12y + 6x = 15 \end{cases}$

c) $\begin{cases} 8x + \dfrac{1}{2}y = -5 \\ -11 + 6x = 7y \end{cases}$

d) $\begin{cases} y = \dfrac{3+4x}{-9} \\ 13x - 6y = 2 \end{cases}$

e) $\begin{cases} x = \dfrac{1-\frac{2}{3}y}{\frac{1}{5}} \\ -177 = -7y + 9x \end{cases}$

f) $\begin{cases} \dfrac{5}{3}x + \dfrac{1}{4}y = -16 \\ 20 - y + \dfrac{8}{3}x = 0 \end{cases}$

g) $\begin{cases} x + 5y - \dfrac{43}{12} = 0 \\ \dfrac{17}{4} - x = 6y \end{cases}$

h) $\begin{cases} -9x + \dfrac{1}{5}y = -\dfrac{317}{5} \\ 6x + 8y = 26 \end{cases}$

i) $\begin{cases} -4x + y = -16 \\ 0 = x + 6 + y \end{cases}$

Sistemas de inecuaciones lineales

Al graficar la función cuya ecuación es y = 2x − 1 , quedará representada de la siguiente manera:

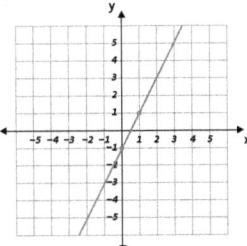

—⊙—◎—◇———————————

25. Si la ecuación y = 2x − 1 se transforma en una inecuación de la forma: y ≤ 2x − 1; indiquen, a través del cálculo, cuáles de los puntos indicados en el gráfico la verifican:

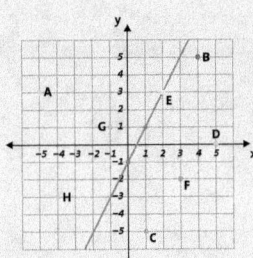

26. ¿Qué puntos verificarían la inecuación si fuera de la forma y ≥ 2x − 1?

27. ¿El punto E verificaría la inecuación si fuera de la forma y > 2x − 1?

28. Grafiquen la recta de ecuación
$y = \frac{2}{3}x + 1$:

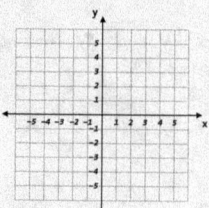

29. Observen que la recta divide al plano en dos semiplanos. ¿Cuál de los dos deberían pintar si la ecuación se transformara en la inecuación: $y \leq \frac{2}{3}x + 1$?

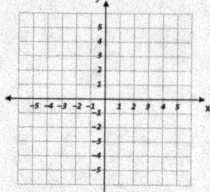

30. Discutan y escriban una conclusión acerca de qué sucede si la inecuación es de la forma: $y < \frac{2}{3}x + 1$. Represéntenla:

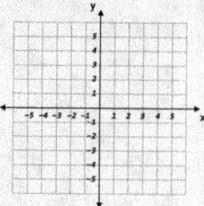

31. a) Pinten con un color el semiplano correspondiente a: $y \leq \frac{1}{4}x - 2$.
Pinten con otro color el semiplano que verifica la inecuación: $y \leq -2x + 3$.

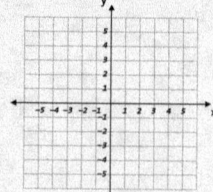

b) Comprueben que los puntos que verifican ambas inecuaciones son solo aquellos que están en el sector que quedó pintado por ambos colores.

Todos esos puntos son la solución al sistema de inecuaciones:

$$\begin{cases} y \geq \dfrac{1}{4}x - 2 \\ y \leq -2x + 3 \end{cases}$$

32. Gráficamente establezcan la solución de cada uno de los siguientes sistemas de inecuaciones:

a)
$$\begin{cases} y > 3x + 1 \\ y < -1x + 5 \end{cases}$$

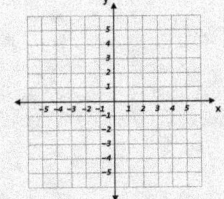

b)
$$\begin{cases} y \leq -\dfrac{1}{3}x + 4 \\ y \geq \dfrac{2}{3}x - 2 \end{cases}$$

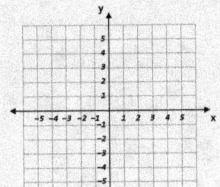

c)
$$\begin{cases} y \geq -\dfrac{2}{5}x + 3 \\ y \leq -\dfrac{2}{5}x - 2 \end{cases}$$

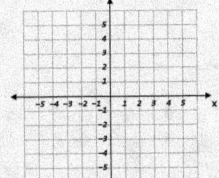

33. El salón que alquilaron los papás de Micaela para su cumpleaños de 15 cobra $ 120 por cada adulto y $ 80 por cada joven. Ella invitó a 145 personas con un costo total de $ 8.104. ¿Cuántos adultos y cuántos jóvenes invitó Micaela a su cumpleaños?

34. Para que su nieto Nahuel estudie matemática, el abuelo Juan Carlos promete darle 30 centavos por cada ejercicio bien resuelto pero, por cada uno que esté mal, Nahuel le dará 20 centavos. Cuando Nahuel terminó la tarea, de 23 ejercicios, recibió de su abuelo $ 4,40. ¿Cuántos ejercicios resolvió bien y cuántos mal?

35. El perímetro de un triángulo isósceles es 61,5 cm. Cada uno de los lados iguales es 6 cm mayor que el lado desigual. ¿Cuánto vale cada lado? ¿Cuál es el valor del área del triángulo?

36. Un comerciante recibió una partida de 127 prendas, entre remeras y pantalones. El costo de cada remera es de $ 59 y el de cada pantalón es de $ 125. Por todo el pedido pagó $ 13.301.
¿Cuántas remeras y cuántos pantalones recibió?

37. Cada helado de agua cuesta $ 1,25 y cada helado de crema $ 2,10. Le compré dos helados a cada uno de mis 15 sobrinos y gasté $ 55,35. ¿Cuántos helados de cada clase compré?

38. El camión del corralón de materiales está cargado con 16 bolsas de cemento y 4 bolsas de arena; la camioneta, con 9 bolsas de arena y 5 de cemento. ¿Cuánto pesa cada bolsa de arena y cada bolsa de cemento si el camión tiene un peso total de 416 kg y la camioneta de 254 kg?

Funciones

6

La presión atmosférica

El aire, como todo gas, tiene peso propio. Esto fue descubierto por Galileo tras observar un recipiente que contenía aire comprimido, en el que su peso aumentaba proporcionalmente a la cantidad de aire que contenía.

En física la presión está definida como el cociente entre la acción de una fuerza sobre la unidad de superficie: $P = \dfrac{F}{S}$.

Se define presión como el peso del gas por unidad de superficie.

La presión atmosférica es el peso de una columna de aire que tiene como base la unidad de superficie y como altura, la de la atmósfera. La presión atmosférica disminuye con la altitud ya que se reduce la cantidad de aire y por lo tanto, su peso. Esta disminución resulta evidente, siendo perfectamente comprensible que si la dimensión vertical de la columna de aire disminuye, la presión ejercida es menor.

Los meteorólogos han calculado cuánto baja la presión atmosférica por cada metro de elevación. La gráfica muestra cómo, a medida que se gana altura, cada vez hay que subir más metros para conseguir una determinada variación de la presión:

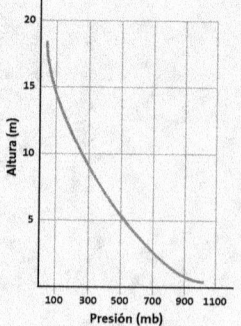

1. ¿Para qué altura la presión atmosférica es de 500 mb?

2. ¿Cuál es la variación de presión entre los 5 y los 15 metros?

3. Recuerden la definición del concepto de función:

Una función es una relación entre dos variables en la cual a cada valor de x le corresponde un único valor de y.

Indiquen cuáles de los siguientes gráficos representan una función:

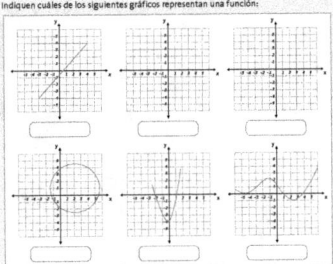

4. Representen en un mismo sistema de ejes cartesianos las funciones:

a) $y = -\frac{1}{3}x + 5$ b) $y = -4x + 2$ c) $y = \frac{2}{5}x - 4$ d) $y = -\frac{5}{2}x$

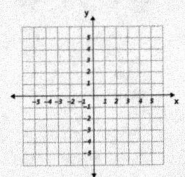

5. Indiquen cinco puntos que ∈ a la función **a** del ejercicio **4** y cinco que ∉:

6. Resuelvan las ecuaciones:

a) $3 \cdot |2x+4| - 9 = 54$ b) $\dfrac{5 \cdot |2x-8|}{10} + 3 = 38$ c) $\dfrac{4 \cdot |0,5x+7| + 2}{2} = 29$

7. Determinen el conjunto solución de las inecuaciones:

a) $2x + 17 \leq 22$ b) $7 \cdot |9x+4| + 5 \leq 12^2 - 13$ c) $\dfrac{2 \cdot |x : 3 + 8|}{4} + 12 > 21$

8. Hallen el punto donde se intersecan las rectas:

a) $y = \dfrac{2}{3}x - 2$ e $y = 4x + 1$ b) $y = -3x + 5$ e $y = \dfrac{1}{3}x - 1$

9. Grafiquen las rectas anteriores:

a)

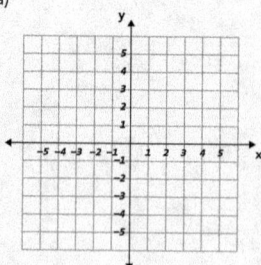

b)

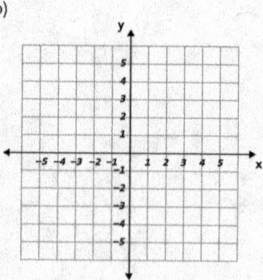

Función valor absoluto

10. Una puerta automática tiene un sensor que la hace abrirse cuando se acerca una persona, tanto para entrar coma para salir de un edificio. El sensor se gradúa para que la puerta se mantenga abierta 2 segundos por cada metro de distancia entre la persona y la puerta.

fuera del edificio   dentro del edificio

-4   -3   -2   -1   1   2   3
(metros)   (metros)

Completen la tabla y representen la función:

(x) distancia en metros	(y) tiempo en segundos
5	
4	
3	
2	
1	
-1	
-2	
-3	
-4	

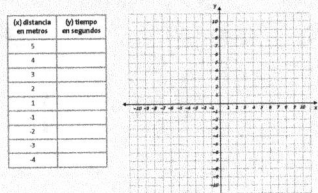

La función valor absoluto relaciona cada número real con su correspondiente valor absoluto.

11. Grafiquen las funciones, completando previamente la tabla de valores:

a) $y = |x|$

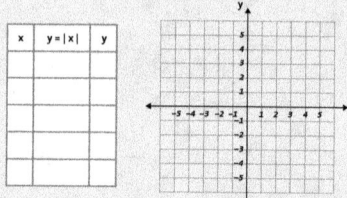

b) $y = |x| + 1$

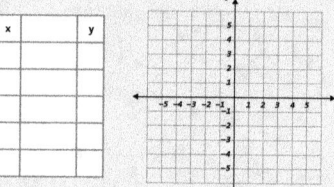

c) $y = |x + 1|$

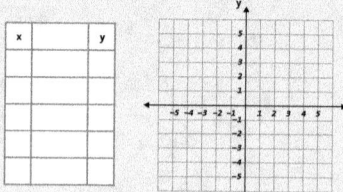

d) $y = |x| - 1$

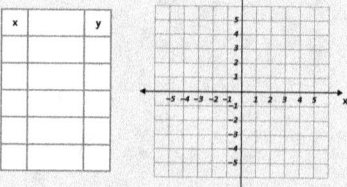

e) $y = |x - 1|$

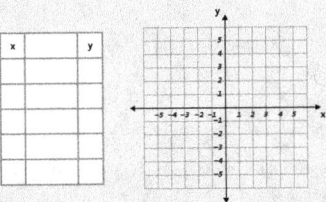

x		y

12. ¿Qué conclusiones pueden obtener observando los cinco gráficos anteriores?

Dominio de una función
Es el conjunto de todos los valores que puede tomar la variable independiente **x**.
Imagen de una función
Es el conjunto de todos los valores que puede tomar la variable dependiente **y**.

Las expresiones $y = \frac{5}{2}x + 4$; $f(x) = \frac{5}{2}x + 4$ son equivalentes, es decir, representan la misma función.

Si se expresa $f(8)$, se dice que se está evaluando la función en $x = 8$;
$f(8) = \frac{5}{2} \cdot 8 + 4$
$f(8) = 24$

13. Escriban el conjunto dominio y el conjunto imagen de las siguientes funciones:

a)

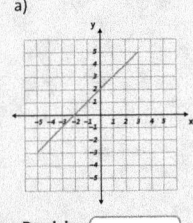

Dominio:
Imagen:

b)

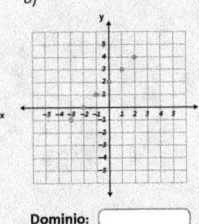

Dominio:
Imagen:

c)

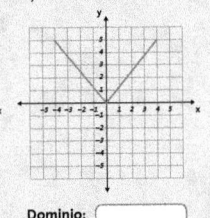

Dominio:
Imagen:

14. Escriban los conjuntos dominio e imagen de las funciones de la actividad **11**:

Intervalos de crecimiento de una función

Una función es ***creciente*** en un intervalo (a ; b) cuando para mayores valores de **x** le corresponden mayores valores de **y**.

Una función es ***decreciente*** en un intervalo (a ; b) cuando para mayores valores de **x** le corresponden menores valores de **y**.

Una función es ***constante*** en un intervalo (a ; b) cuando para cualquier valor de **x** le corresponde el mismo valor de **y**.

15. Teniendo en cuenta que el dominio de las siguientes funciones es el conjunto ℝ, indiquen la imagen y los intervalos de crecimiento para cada una de ellas:

a) $y = \frac{1}{5} x + 4$

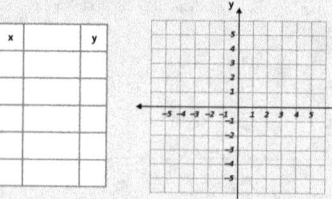

x		y

Dominio:
Imagen:
Int. de crecimiento:
Int. de decrecimiento:

b) $y = -2 \cdot |x + 3|$

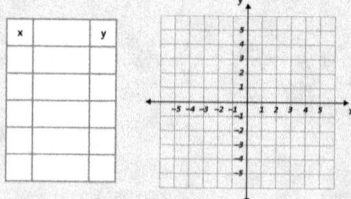

x		y

Dominio:
Imagen:
Int. de crecimiento:
Int. de decrecimiento:

c) $f(x) = 2$

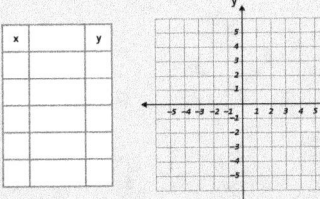

Dominio:

Imagen:

Int. de crecimiento:

Int. de decrecimiento:

16. Para la función "b", de la actividad anterior hallen:

a) $f(-5) =$ b) $f(\frac{3}{4}) =$ c) $f(0) =$ d) $f(-3) =$ e) $f(0,8) =$

17. ¿Cuántos rectángulos se pueden construir que tengan 40 cm de perímetro y lados de longitudes enteras?

18. Y si los lados pueden tener cualquier longitud, ¿cuántos podrían construirse?

19. ¿Cuál será la fórmula del perímetro de un rectángulo de base **x** y altura **y**?

20. Despejen la variable **y** de la fórmula anterior. Verifiquen que lo obtenido sea una función. Grafíquenla en la carpeta:

21. ¿Cuál es el dominio, la imagen y los intervalos de crecimiento de la función anterior?

22. Hallen: a) $f(3) =$ b) $f(\frac{5}{2}) =$ c) $f(0) =$ d) $f(5) =$ e) $f(-4) =$

23. ¿Fue posible evaluar la función en todos los casos? ¿Por qué?

Función cuadrática

24. El siguiente es un triángulo rectángulo isósceles:

a) Hallen la función área **y**:

b) Completen la tabla de valores y grafiquen la función anterior:

x	y

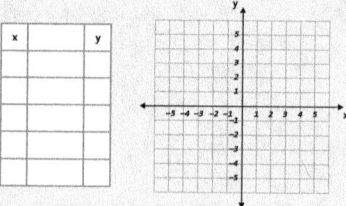

Toda función cuadrática es de la forma $y = a \cdot x^2 + b \cdot x + c$; con a, b y c números reales y $a \neq 0$.

La curva que describe cualquier función cuadrática se llama **parábola**.

Toda parábola tiene:

* Un punto máximo o mínimo llamado **vértice**.
* Un eje de **simetría**.
* **Concavidad positiva o negativa**.

Puede tener:

- **Dos raíces reales**, es decir, la parábola interseca al eje x en dos puntos.
- **Una raíz real**, es decir, la parábola interseca al eje x en un solo punto.
- **Ninguna raíz real**, es decir, la parábola no interseca al eje x en ningún punto.

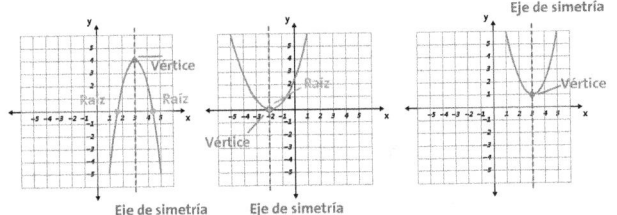

Concavidad negativa	Concavidad positiva	Concavidad positiva
Dos raíces reales	Una raíz real	Ninguna raíz real

25. Para cada una de las siguientes funciones, realicen la tabla de valores, grafiquen y completen:

a) $f(x) = x^2 + 4x + 3$

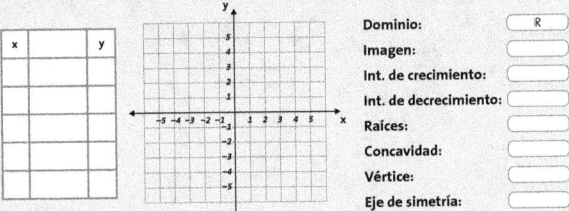

x	y

Dominio: ℝ
Imagen:
Int. de crecimiento:
Int. de decrecimiento:
Raíces:
Concavidad:
Vértice:
Eje de simetría:

Resuelvan en la carpeta:

b) $f(x) = -1x^2 + 4$

c) $f(x) = x^2 - 4x + 5$

d) $f(x) = x^2 + 2x + 1$

A partir de la fórmula general de toda función cuadrática: **f(x) = a · x² + b · x + c**, se puede hallar analíticamente las coordenadas de las raíces y del vértice de dichas funciones, utilizando las siguientes fórmulas:

Para calcular las coordenadas de las raíces se usa la "fórmula resolvente":

$$x_1 ; x_2 = \frac{-b \pm \sqrt{b^2 - 4 \cdot a \cdot c}}{2 \cdot a}$$

Por ejemplo, en la actividad **25.** $f(x) = x^2 + 4x + 3$;

$$a = 1 ; \quad b = 4 ; \quad c = 3$$

Reemplazando los valores en la fórmula, quedará:

$$x_1 ; x_2 \quad \frac{-4 \pm \sqrt{4^2 - 4 \cdot 1 \cdot 3}}{2 \cdot 1}$$

$$\Rightarrow x_1 ; x_2 \quad \frac{-4 \pm \sqrt{16 - 12}}{2}$$

$$\Rightarrow x_1 ; x_2 = \frac{-4 \pm \sqrt{4}}{2}$$

$$\Rightarrow x_1 ; x_2 = \frac{-4 \pm 2}{2}$$

Para obtener las dos raíces:

$$x_1 = \frac{-4 + 2}{2} \Rightarrow \quad x_1 = \frac{-2}{2} \Rightarrow \quad \boxed{x_1 = -1}$$

$$x_2 = \frac{-4 - 2}{2} \Rightarrow \quad x_2 = \frac{-6}{2} \Rightarrow \quad \boxed{x_2 = -3}$$

Entonces, los puntos (–1 ; 0) y (–3 ; 0) son raíces de la función.

Para calcular las coordenadas del vértice de una función cuadrática, se usa la fórmula:

$$\text{Coordenada en } \mathbf{x} \text{ del vértice: } x_V = \frac{-b}{2 \cdot a}$$

$$\text{Coordenada en } \mathbf{y} \text{ del vértice: } y_V = f(x_V)$$

Para la actividad **25.** $f(x) = x^2 + 4x + 3$; $a = 1$; $b = 4$; $c = 3$

Quedará: $\quad x_V = \frac{-4}{2 \cdot 1} \Rightarrow \quad x_V = \frac{-4}{2} \Rightarrow \quad \boxed{x_V = -2}$

Entonces, y_V se calcula: $\quad y_V = f(-2)$

$$\Rightarrow y_V = (-2)^2 + 4 \cdot (-2) + 3$$

$$\Rightarrow \boxed{y_V = -1}$$

Las coordenadas del vértice están determinadas por el punto: (–2 ; –1)

26. Un objeto es lanzado en forma vertical hacia arriba. Su ecuación de movimiento está dada por la fórmula: $y = -2,5x^2 + 10x + 5$, donde **y** es la altura en metros y **x**, el tiempo en segundos.

a) ¿A qué altura se encontrará el objeto un segundo después de haber sido lanzado?

b) ¿Cuál es la altura máxima que puede alcanzar?

c) ¿Cuál es el tiempo que tardará en alcanzar la altura máxima?

d) ¿Cuánto tiempo tarda en caer hasta la posición inicial?

e) Grafiquen en la carpeta la función.

Función exponencial

27. Hoy a las 7 de la mañana se envió a dos alumnos un mensaje de texto en el que se les confiaba un secreto, con la advertencia de que **no se lo reenvíen a nadie**.

A la hora de haberlo recibido, cada uno de ellos se lo reenvió solamente a otros tres amigos de toda confianza, que no lo sabían y que una hora después se lo reenviaron solamente a otros tres amigos. Estos, a su vez...

¿Cuánta gente lo sabrá a las 17 hs?

Con los datos del problema completen la tabla:

x cantidad de horas trascurridas	y cantidad de personas que saben el secreto
0	
1	
2	
3	
4	
5	
6	
7	

a) ¿Cuál de las siguientes fórmulas relaciona los datos de la primera columna con los de la segunda?

$y = 3x$ $y = 2x^2$ $y = 3x^2$ $y = 2 \cdot 3^x$ $y = 3^x$

b) Verifiquen que la relación anterior cumpla con las condiciones para ser una función.

c) Grafíquenla e indiquen: dominio, imagen, intervalos de crecimiento, raíces e intersección con el eje **y**:

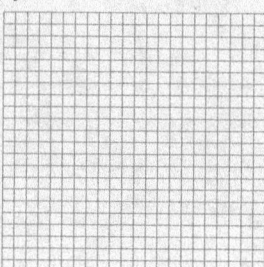

Toda función exponencial es de la forma: $\mathbf{y = k \cdot a^x}$.

Siendo **k** un número real distinto de cero y **a** un número real positivo distinto de 1.

28. Realicen la tabla de valores y luego grafiquen en un mismo sistema de ejes cartesianos:

a) $y = \dfrac{1}{2} \cdot 2^x$

b) $y = \left(\dfrac{1}{2}\right)^x$

c) $y = 2^x$

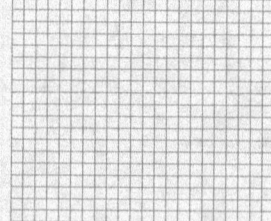

29. Respondan:

a) Las funciones exponenciales, ¿son siempre crecientes?

b) ¿Cómo debe ser la función exponencial para que tenga raíces?

c) ¿Todas las funciones exponenciales intersecan al eje **y**?

Clasificación de funciones

> Una función es **inyectiva** si a elementos distintos del dominio le corresponden imágenes distintas.
> Una función es **sobreyectiva** si todos los elementos del eje **y** tienen por lo menos una preimagen.
> Si una función es **inyectiva** y **sobreyectiva**, entonces se dirá que es **biyectiva**.

30. La función $y = -\dfrac{1}{2}x + 3$

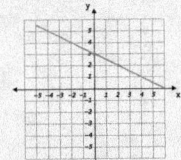

a) ¿Es inyectiva?
b) ¿Es sobreyectiva?
c) ¿Es biyectiva?

31. La función $y = -x^2 + 4x - 3$

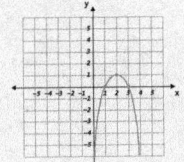

a) ¿Es inyectiva?
b) ¿Es sobreyectiva?
c) ¿Es biyectiva?

32. La función $y = 2^x$

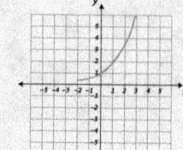

a) ¿Es inyectiva?
b) ¿Es sobreyectiva?
c) ¿Es biyectiva?

33. Grafiquen las siguientes funciones y luego clasifíquenlas:

a) $f(x) = \dfrac{2}{3}x$

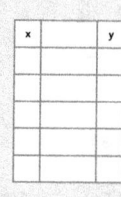

x		y

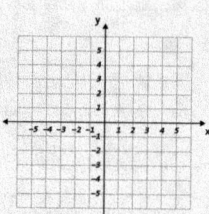

b) $f(x) = 2x^2$

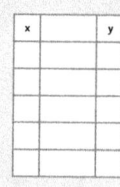

x		y

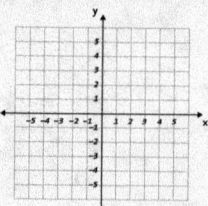

c) $f(x) = 2 \cdot |x + 3|$

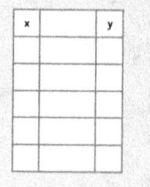

x		y

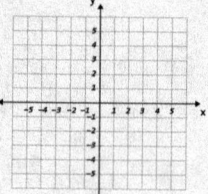

d) $f(x) = 4$

x	y

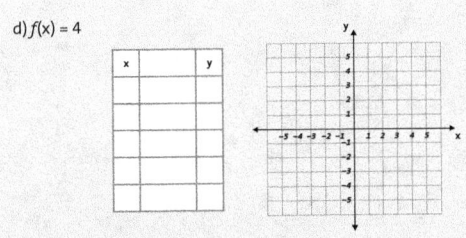

Función inversa

34. Observen la siguiente figura:

primera fila: 1 triángulo

segunda fila: 3 triángulos

tercera fila: 5 triángulos

a) ¿Cuántos triángulos se necesitan para formar la fila 5?

b) ¿Cuántos triángulos habrá en la fila n° 10?

c) Encuentren la función que relaciona la cantidad de triángulos dependiendo del número de fila:

d) Si la fila tiene 17 triángulos, ¿qué número de fila será?

e) ¿Cuál es el número de fila formada por 25 triángulos?

f) Encuentren la función que relaciona el número de fila dependiendo de la cantidad de triángulos:

Función inversa

Una función admite inversa sí y solo sí es biyectiva.

Para la función: $f(x) = \dfrac{1}{4}x - 2$; comprueben si es biyectiva.

Para hallar la función inversa, llamada $f^{-1}(x)$, se procede de la siguiente manera:

$$f(x) = \frac{1}{4}x - 2$$

$$y = \frac{1}{4}x - 2 \quad \text{por ser equivalentes las expresiones } f(x) \text{ e } y$$

Se despeja la variable x:

$$y + 2 = \frac{1}{4}x$$

$$(y + 2) : \frac{1}{4} = x$$

$$y : \frac{1}{4} + 2 : \frac{1}{4} = x$$

$$4y + 8 = x$$

Si se realiza un cambio de variable quedará:

$$4x + 8 = y \Rightarrow \boxed{f^{-1}(x) = 4x + 8}$$

Observen que $f(16) = 2$ y que $f^{-1}(2) = 16$

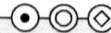

35. Las siguientes son funciones biyectivas. Hallen la inversa de cada una de ellas. Grafiquen ambas funciones en el mismo sistema de ejes coordenados:

a) $y = 4x + 8$

b) $y = \dfrac{4}{5}x - 2$

c) $f(x) = -\dfrac{3}{7}x + 1$

d) $f(x) = \dfrac{1}{9}x + 3$

36. En el caso de ser posible, hallen la función inversa de las siguientes expresiones:

a) $f(x) = -5x + 3$

b) $g(x) = \dfrac{1}{2}x^2 + 3$

c) $h(x) = 4 \cdot |x + 2|$

d) $i(x) = x : 2 + 1$

Composición de funciones

37. Verónica decidió ahorrar esta semana $1,50; la próxima $2; la tercera $2,50 y así sucesivamente.

a) Hallen la función $f(x)$ que relaciona la cantidad de dinero que ahorra Verónica, dependiendo del número de semana.

b) ¿Cuánto dinero ahorrará en la semana número 11?

c) ¿Cuánto dinero habrá ahorrado en total en esas 11 semanas?

d) La función que relaciona el dinero total ahorrado a lo largo de las 11 semanas, dependiendo del dinero ahorrado en la semana número 11, es:

$$g(x) = 5,5\,x + 8,25$$. Verifíquenlo:

e) ¿Cuál será la función que permite calcular el dinero total ahorrado en las 11 semanas?

Composición de funciones

Para las funciones $f(x)$ y $g(x)$ se definen las funciones compuestas de la siguiente manera:

$$fog(x) = f[\,g(x)\,]$$
$$gof(x) = g[\,f(x)\,]$$

Si se tiene $f(x) = 2\,x - 3$ y $g(x) = 5\,x + 1$

$$fog(x) = f[5\,x + 1] = 2 \cdot (5\,x + 1) - 3$$
$$\Rightarrow \boxed{fog(x) = 10\,x - 1}$$

$$gof(x) = g[2\,x - 3] = 5 \cdot (2\,x - 3) + 1$$
$$\Rightarrow \boxed{gof(x) = 10\,x - 14}$$

38. Si se sabe que $f(x) = 3\,x + 4$ y $g(x) = 7\,x - 2$, hallen:

a) $fog(x) =$

b) $gof(x) =$

c) $fof^{-1}(x) =$

d) $gog^{-1}(x) =$

e) $f^{-1}og^{-1}(x) =$

39. Si se lanza un objeto y la altura en metros está dada por la ecuación
$y = -1,5\ x^2 - 9\ x + 27$, siendo **x** el tiempo en segundos. ¿A qué altura llega?¿Cuánto tiempo tarda en llegar a esa altura?

40. Para el triángulo equilátero de lado x:

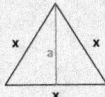

a) ¿Cuál es la fórmula que permite calcular la altura *a* del mismo?

b) La relación anterior, ¿es una función? En caso de serlo, indiquen su dominio y clasifíquenla:

c) Hallen la fórmula que permita calcular el área de cualquier triángulo equilátero conociendo su lado:

d) Si la relación anterior es una función, grafíquenla en la carpeta, indicando previamente su dominio, y clasifíquenla.

41. La cuota de un colegio privado aumentó un 5% en el mes de mayo y $52 en el mes de agosto.
a) Hallen la fórmula que permite calcular el aumento de la cuota en el mes de mayo:

b) Obtengan la fórmula de la función que calcula el aumento de la cuota en el mes de agosto:

c) Escriban la fórmula de la función que calcula los dos aumentos en la cuota del colegio:

42. Una empresa de encomiendas cobra, para destinos regionales, $29 por un paquete de un kilogramo y $35 por uno de cinco kilogramos. Si estos valores están relacionados por medio de una función afín:

a) Hallen la función que relaciona el valor de la encomienda dependiendo del peso de la misma:

b) ¿Cuánto costará enviar una encomienda de siete kilogramos?

c) Si se pagaron $41 por el envío de un paquete, ¿cuánto pesaba este?

d) ¿Existirá la fórmula que permita calcular el peso de una encomienda en función de su costo de envío?

43. Grafiquen las siguientes funciones e indiquen los datos que se les piden:

a) $y = x^2 - 6x + 9$

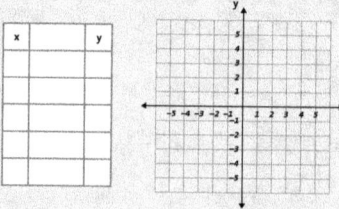

Tipo de función:
Dominio:
Imagen:
Int. de crecimiento:
Int. de decrecimiento:

b) $y = 2|3 - x|$

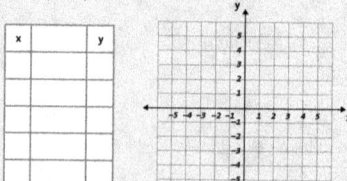

Tipo de función:
Dominio:
Imagen:
Int. de crecimiento:
Int. de decrecimiento:

7

Transformaciones del plano en sí mismo

Simetría axial.
Simetría central.
Magnitudes escalares y vectoriales.
Traslación.
Rotación.
Homotecia.
Semejanza y congruencia.

El arte y la geometría

La siguiente imagen es un fragmento de una pintura de M.C. Escher (1898-1972) en la que se puede observar una partición regular de la superficie con figura coincidente. Este pintor, como ningún otro, se apasionó haciendo teselaciones en el plano con figuras irregulares.

Una teselación es una regularidad o patrón de figuras que cubre una superficie plana por completo sin que queden huecos y sin superposiciones de las figuras.

La forma más simple consiste en cubrir el plano con figuras triangulares, cuadradas, hexagonales, octogonales, etcétera.

Para poder realizar esta y otras obras Escher poseía un profundo conocimiento de las transformaciones en el plano.

1. Intenten realizar un teselado utilizando un triángulo. ¿Pueden utilizar cualquier triángulo?

2. Dibujen un rombo cuyas diagonales midan 4 cm y 2 cm; luego calculen su área y su perímetro:

3. Calculen el área de la parte pintada, sabiendo que el radio de la circunferencia grande es de 4,5 cm:

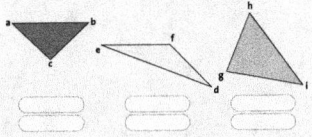

4. Calculen el valor de la incógnita y luego el de los ángulos:

$\beta = 2x + 49° 39'$
$\theta = 3x + 23° 21'$
$\alpha =$
$\omega =$

5. Midan los ángulos y los lados de los triángulos y luego clasifíquenlos:

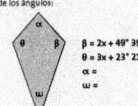

6. I- En una hoja de papel dibujen un trapecio rectángulo como muestra el dibujo:

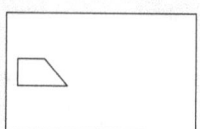

II- Con la ayuda de un elemento cortante, calen el pentágono. Luego doblen la hoja por la mitad como muestra el dibujo:

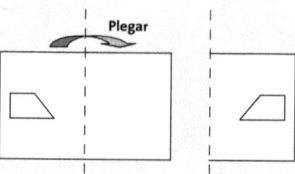

III- Utilizando como guía el trapecio calado, pinten el interior y luego desdoblen la hoja:

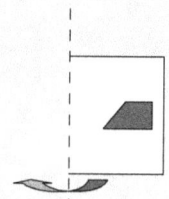

IV- Observen los trapecios que quedan dibujados en la hoja:

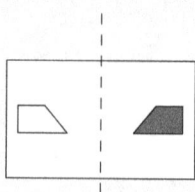

V- Calculen las áreas y los perímetros:

Simetría axial

La simetría axial es una transformación que se plantea respecto de un eje de simetría, en la que cada punto de la figura se asocia a otro punto llamado imagen, de manera que las distancias de un punto y la de su imagen respecto del eje de simetría son las mismas. El segmento que los une es perpendicular al eje de simetría y cumple con las siguientes condiciones:

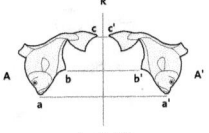

$$S_R : A \rightarrow A'$$

Las figuras **A** y **A'** son simétricas respecto a un eje **R** (eje de simetría), porque sus puntos homólogos están a la misma distancia del eje, y el segmento que los une es perpendicular al eje.

Uso del compás para la realización de una simetría axial

a es un punto del plano y **R** es el eje de simetría. Para hallar un punto **a'** simétrico al punto **a** con respecto al eje **R**, se debe hacer centro con el compás en el punto **a** trazando un arco sobre **R**, con el que obtendrán las intersecciones **x** e **y**.

Haciendo centro en **x** e **y** y manteniendo el radio en el compás, se deben realizar los arcos que determinarán el punto **a'**.

El eje de simetría resulta ser la mediatriz del segmento $\overline{a\,a'}$.

Ejes de coordenadas

Cuando los puntos **a** (x, y) y **a'** (x', y'), son simétricos respecto del eje de abscisas, se dice que tienen abscisas iguales y ordenadas opuestas. Cuando lo son respecto de ordenadas, tienen abscisas opuestas y ordenadas iguales.

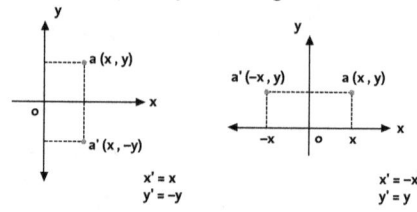

7. Dibujen el eje de simetría de las siguientes figuras:

a)

b)

c)

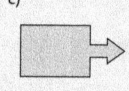

d)

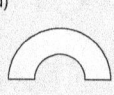

8. Dibujen los cuadriláteros cuya diagonal sea su eje de simetría:

9. Completen la siguiente tabla:

	Simétrico respecto al eje de ordenadas	Simétrico respecto al eje de abscisas
P (2 , 3)	(−2 , 3)	
P (−1 , 3)		(−1 , −3)
P (2 , −4)		
P (x , y)	(−x ,)	(, −y)

10. Dibujen las siguientes simetrías axiales:

a) S_R (abcdefghijk)

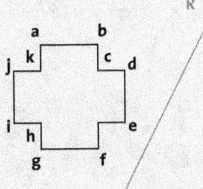

b) S_R (abc)

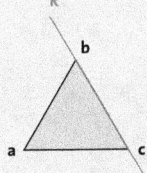

11. Indiquen cuáles de los siguientes cuadriláteros tienen eje de simetría horizontal y dibújenlo:

12. Observen la figura representada en el siguiente naipe y unan con rectas distintos puntos de imágenes que se repiten, por ejemplo el extremo inferior del rombo:

¿Qué podrían decir del diseño del naipe? Justifiquen las afirmaciones:

Simetría central

La simetría central es una transformación en la que a cada punto del plano se le asocia otro punto llamado imagen, que está a la misma distancia de un punto llamado centro de simetría; de manera tal que el punto, su imagen y el centro de simetría pertenezcan a la misma recta:

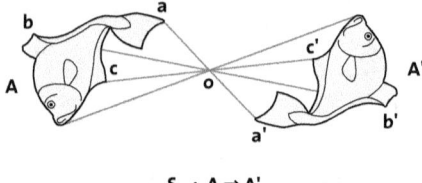

$$S_o : A \rightarrow A'$$

Las figuras **A** y **A'** son simétricas respecto del punto **o** (centro de simetría), porque sus puntos homólogos equidistan del punto **o** y están en la misma línea.

Uso del compás

Si **a** y **o** son puntos del plano, para hallar el punto simétrico **a'**, se debe tomar con el compás la medida del segmento $\overline{a\,o}$ y luego trasladar la medida de este segmento para determinar el segmento $\overline{o\,a'}$, que resultará de la misma medida.

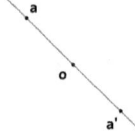

Ejes de coordenadas

Los puntos **a** (x , y) y **a'** (x , y) tienen abscisas y ordenadas al origen opuestas. Son simétricos respecto al origen de coordenadas:

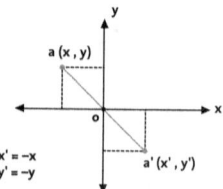

13. Dibujen la figura simétrica de las siguientes figuras respecto del centro **o**:

a)

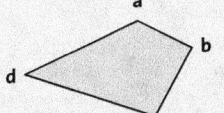

b)

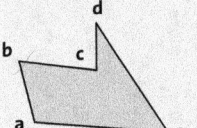

14. Dibujen cuadriláteros que tengan centro de simetría:

15. Hallen el centro de simetría de las dos figuras simétricas:

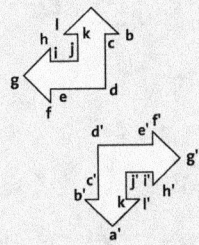

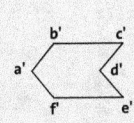

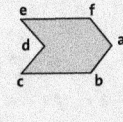

Magnitudes escalares y vectoriales

Una magnitud escalar se determina con un número real o una medida. Por ejemplo, el peso o la longitud.

Una magnitud vectorial debe estar expresada con la dirección y el sentido en el que se mueve. Para una magnitud vectorial se deben distinguir intensidad, dirección y sentido; es el caso de la velocidad, la fuerza, etcétera. Se la representa a través de un vector, ya que este es un segmento orientado. La recta que contiene al vector determina la dirección, el sentido u orientación está indicado por la flecha y la intensidad o módulo está dado por la longitud del vector.

Vectores de igual dirección y distinto sentido

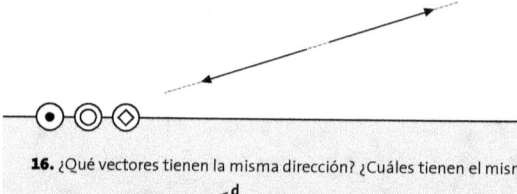

16. ¿Qué vectores tienen la misma dirección? ¿Cuáles tienen el mismo sentido?

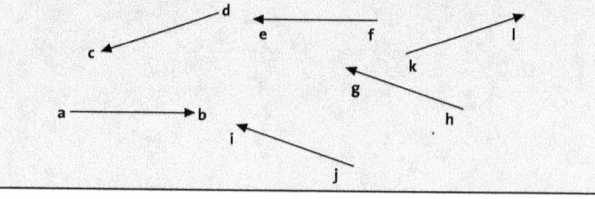

Expresión cartesiana de un vector

Los vectores se pueden expresar de forma cartesiana de la siguiente manera: A= (4 ; 1), donde 4 y 1 son los componentes o coordenadas del vector.

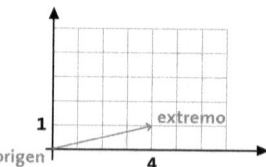

Los componentes indican que, partiendo del origen, hay que trasladarse 4 unidades sobre el eje **x** y 1 unidad en dirección al eje **y** para llegar al extremo.

17. Grafiquen los siguientes vectores: $\vec{A} = (-3 ; 2)$, $\vec{B} = (4 ; -4)$, $\vec{C} = (3 ; -2)$ e indiquen cuáles tienen sentidos contrarios:

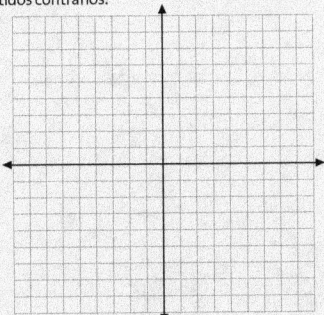

18. Trasladen los vértices del romboide utilizando el vector ab:

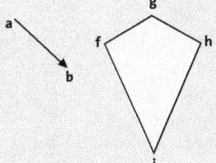

¿Qué figura queda determinada con los puntos obtenidos? ¿Cómo es esta con respecto a la inicial?

Traslación

Es la transformación más sencilla y se obtiene con un movimiento, en una dirección y sentido determinados. Para indicar una traslación, se debe dar un vector para mostrar la dirección, el sentido y la intensidad del movimiento.

Al aplicar una transformación se conserva la forma y el tamaño de las figuras.

> La traslación del vector $\vec{V}$ es una transformación del plano en la que cada punto **a** de la figura **A** se traslada hacia otro punto **a'**, de manera que el vector **aa'** tendrá la longitud, dirección y sentido del vector $\vec{V}$. Todos los puntos trasladados de la figura **A** formarán la figura **A'**.

19. Apliquen una traslación de vector **V** a las siguientes figuras:

a)

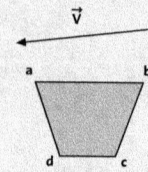

b)

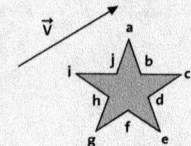

c)

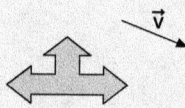

20. Indiquen con puntos los lugares donde deben ubicarse los números que faltan en el siguiente reloj:

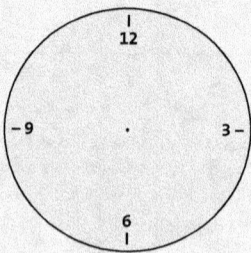

¿Cómo hacen para ubicar el lugar donde iría el número 1? ¿Y el número 2?

Rotación

Una rotación es un movimiento en el plano que implica un cambio de orientación de un cuerpo, de forma que, dado un punto cualquiera del mismo, este permanece a una distancia constante de un punto fijo, con las siguientes características: un punto denominado centro de rotación, un ángulo y un sentido de rotación (en sentido horario, si el ángulo de rotación es positivo o antihorario, si el ángulo de rotación es negativo).

Sentido horario   **Sentido antihorario**

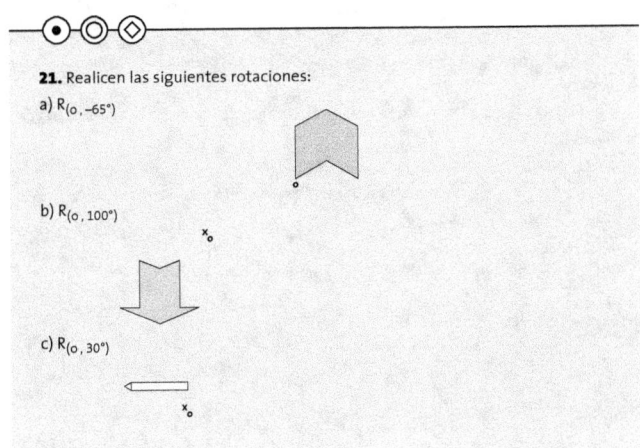

$$R_{(o\,;\,\hat{\alpha})}: A \to A'$$ $$R_{(o\,;\,-\hat{\alpha})}: A \to A'$$

Una rotación de ángulo $\hat{\alpha}$ y centro **o** es una transformación en el plano que a cada punto **a** de la figura **A**, lo transforma en otro punto **a'**, de manera que **oa = oa'** y $\widehat{aoa'} = \hat{\alpha}$. La rotación de todos los puntos formarán la figura **A'**.

21. Realicen las siguientes rotaciones:

a) $R_{(o\,,\,-65°)}$

b) $R_{(o\,,\,100°)}$

c) $R_{(o\,,\,30°)}$

22. Unan los vértices de las siguientes figuras y prolonguen las rectas de unión:

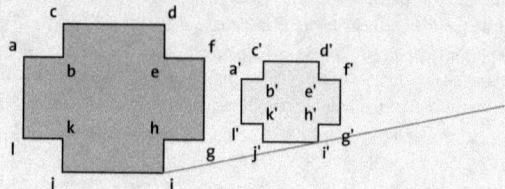

¿Cómo son estas figuras? ¿Qué sucede con las rectas que unen los vértices?

Homotecia

Es una transformación del plano en sí misma. La figura homotética tiene la misma forma pero cambia de tamaño:

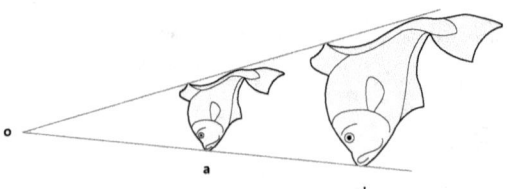

A cada punto de un plano le corresponde otro punto del mismo plano como imagen, de manera que:

$$\vec{oa'} = k \cdot \vec{oa}$$ a' es el punto homotético de **a**

$$H_{(o\,;\,k)} : a \rightarrow a'$$ La homotecia de centro **o** y razón **k** transforma el punto a en el punto **a'**

Por ejemplo, para determinar $H_{(o\,;\,2)}$ de la siguiente figura:

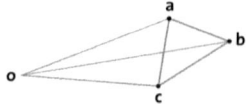

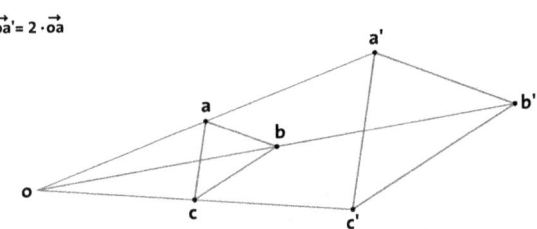

$$\vec{oa'} = 2 \cdot \vec{oa}$$

Cuando **k** es negativa, la transformación se realiza hacia el lado opuesto de donde se encuentra la imagen original. Por ejemplo, una $H_{(o\,;\,-1)}$ sería así:

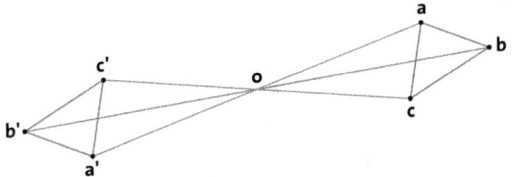

23. Para la figura anterior realicen:

a) $H_{(o\,;\,\frac{1}{2})}$

b) $H_{(o\,;\,-3)}$

24. Construyan las siguientes homotecias:

a) $H_{(o, -3)}$

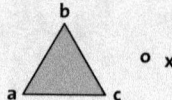

b) $H_{(x, -1)}$

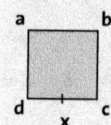

c) $H_{(y, 1)}$

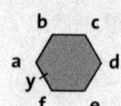

d) $H_{(s; -\frac{1}{2})}$

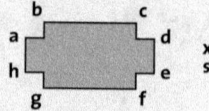

Semejanza y congruencia

Dos figuras son **semejantes** si tienen la misma forma, conservan sus ángulos y tienen tamaños distintos. Por lo tanto, entre ambas figuras existe una razón de proporcionalidad, a la que se denomina **razón de semejanza**.

Dos figuras son **congruentes** cuando además de conservar la forma y la amplitud de sus ángulos, también sus lados tienen la misma longitud.

Semejantes   **Congruentes**

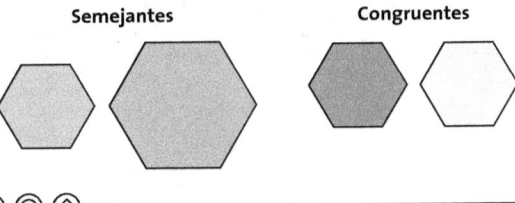

25. ¿Con la aplicación de qué transformaciones se obtienen figuras congruentes y con cuáles semejantes?

Semejanza de triángulos

Para que dos triángulos sean semejantes, deberán tener la misma forma, es decir, sus lados homólogos deberán ser proporcionales y sus ángulos respectivamente congruentes:

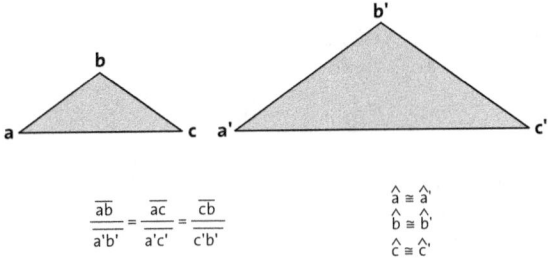

$$\frac{\overline{ab}}{\overline{a'b'}} = \frac{\overline{ac}}{\overline{a'c'}} = \frac{\overline{cb}}{\overline{c'b'}}$$

$$\hat{a} \cong \hat{a}'$$
$$\hat{b} \cong \hat{b}'$$
$$\hat{c} \cong \hat{c}'$$

Criterios de semejanza de triángulos

A partir de una mínima cantidad de información y de la utilización de diferentes criterios, puede determinarse si dos triángulos son semejantes, sin necesidad de probar la proporcionalidad de los lados y la congruencia de los ángulos.

Dos triángulos son semejantes si:		
Criterio 1: L.L.L.	Criterio 2: A.A.	Criterio 3: L.A.L.
sus tres lados son respectivamente proporcionales	**dos ángulos de uno de ellos son congruentes a dos del otro**	**dos de sus lados son respectivamente proporcionales y el ángulo comprendido, congruente**
$\triangle abc \sim \triangle a'b'c'$ $$\frac{ab}{a'b'} = \frac{ac}{a'c'} = \frac{cb}{c'b'}$$	$\triangle abc \sim \triangle a'b'c'$ $\hat{a} = \hat{a'}$ $\hat{b} = \hat{b'}$ Es así porque también c = c'	$\triangle abc \sim \triangle a'b'c'$ $\hat{b} = \hat{b'}$ $$\frac{ab}{a'b'} = \frac{cb}{c'b'}$$

Propiedad fundamental de semejanza de triángulos

Si se traza una recta paralela a uno de los lados de un triángulo, pueden obtenerse triángulos semejantes de tres maneras posibles:

1.
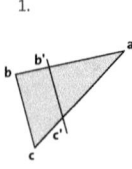

2.
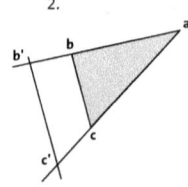

3.
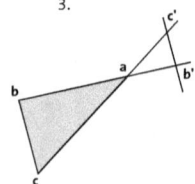

Aplicando los criterios de semejanza:

$$\hat{a} = \hat{a}'$$

$$\overset{\Delta}{abc} \sim \overset{\Delta}{a'b'c'} \qquad \hat{b} = \hat{b}' \qquad \frac{ab}{a'b'} = \frac{ac}{a'c'} = \frac{cb}{c'b'}$$

$$\hat{c} = \hat{c}'$$

Los ángulos son respectivamente congruentes y los lados homólogos son proporcionales.

> Toda recta paralela a un lado de un triángulo determina, junto con las rectas en las que están incluidos los otros dos lados, un triángulo semejante.

26. En los siguiente triángulos semejantes, encuentren las medidas de los lados $\overline{ab}'$ y $\overline{c'b}'$:

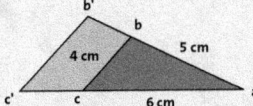

27. Calculen el valor de $\overline{ad}$ y de $\overline{ab}$ si el perímetro del cuadrado es de 49 cm y $\overline{cb}$ es 25 cm:

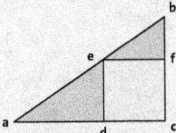

28. Calculen el valor de **x** en la siguiente figura:

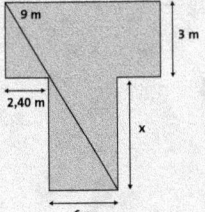

29. Escriban las coordenadas de los vértices de las figuras y de sus imágenes:

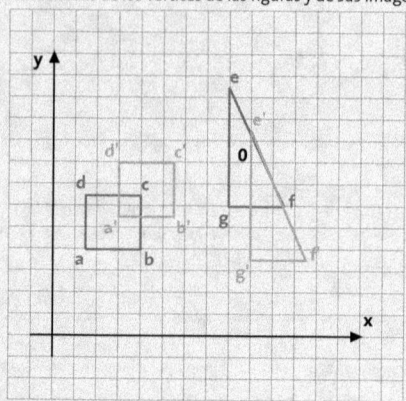

30. En la siguiente figura, realicen:

a) La traslación de la misma hacia el punto a'.

b) La simetría axial respecto del eje de ordenadas.

c) Una rotación de –110°.

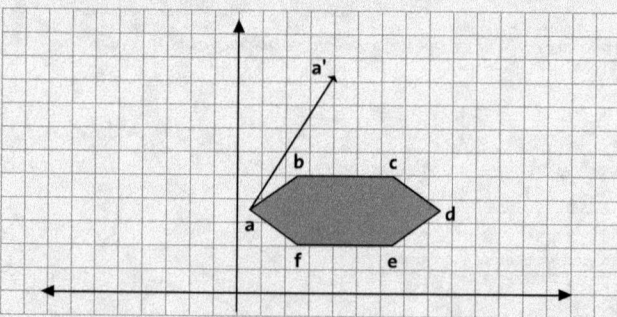

31. Indiquen si los triángulos $\overset{\triangle}{abc}$ y $\overset{\triangle}{def}$ son semejantes e indiquen criterios:

$\overline{ef} \ // \ \overline{ab}$

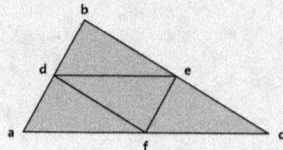

32. Una traslación tiene de vector $\vec{V} = (3, -3)$. Hallen la figura transformada de un triángulo cuyos vértices son: a(0, 0), b(8, 7) y c(5, 7).

33. Con un triángulo equilátero de 1 cm de lado se dibujan los siguiente triángulos equiláteros:

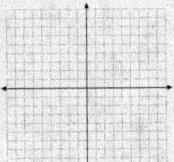

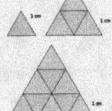

a) Calculen las razones de semejanza entre la figura más chica y la más grande.

b) Calculen los perímetros entre la figura mediana y la más grande.

c) Calculen la razón de las áreas entre la figura más chica y la más grande.

d) ¿Qué relación existe entre los perímetros y las áreas?

34. Realicen la homotecia H(o ; 3) de la siguiente figura:

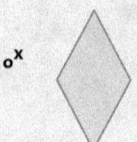

a) Calculen el perímetro y el área del rombo original.

b) Calculen el perímetro y el área del rombo obtenido.

c) ¿Qué relación existe entre los perímetros y las áreas?

35. Los triángulos $\overset{\triangle}{abc}$ y $\overset{\triangle}{def}$ son semejantes; y el perímetro de $\overset{\triangle}{def}$ es 3/4 del perímetro de $\overset{\triangle}{abc}$:

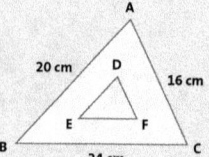

a) Calculen la longitud de los lados del triángulo $\overset{\triangle}{def}$.

b) ¿Qué razón de semejanza hay entre los lados homó-logos?

c) Calculen los perímetros y las áreas de ambos trián-gulos.

d) ¿Cómo es el área de $\overset{\triangle}{abc}$ con respecto al área de $\overset{\triangle}{def}$?

36. Las medidas respectivas de los lados de un triángulo son 12 cm, 14 cm y 9 cm. Si el más largo de los lados de otro triángulo semejante mide 350 cm, hallen la medida de los otros dos lados:

37. El perímetro de un triángulo es de 9 cm. ¿Cuáles son las medidas de sus lados si un triángulo semejante tiene lados de 6 cm, 9 cm y 12 cm?

38. Dibujen un triángulo cuyo eje de simetría coincida con una de sus alturas, luego cal-culen su área y perímetro.

8

Trigonometría y semejanza

Teorema de Thales.
Trigonometría.

La medición de distancias

Eratóstenes (Cirene, 276 a.C. - Alejandría, 194 a.C.) fue astrónomo, historiador, geógrafo, filósofo, poeta, crítico teatral y matemático.

Una de sus principales contribuciones a la ciencia y a la astronomía fue su trabajo sobre la medición de la Tierra. Estudiando los papiros de la biblioteca de Alejandría, encontró un informe de observaciones de Siena en el que se decía que los rayos solares incidían verticalmente en un pozo de agua al mediodía del solsticio de verano (el actual 21 de junio). Como en esa época se creía que la Tierra era plana, pensó que los rayos del Sol, al tocar el planeta, debían llegar en forma paralela y no habría diferencias entre las sombras proyectadas por los objetos a la misma hora del mismo día, cualquiera fuese el lugar donde se encontraran. Entonces realizó las mismas observaciones en Alejandría el mismo día y a la misma hora, descubriendo que la sombra dejada por una vara formaba un ángulo de 7 grados con la vertical. Dedujo entonces que la Tierra no era plana y ,utilizando la distancia conocida entre las dos ciudades (unos 800 Km) y el ángulo medido de las sombras, calculó la circunferencia de la Tierra en aproximadamente 250 estadios (40.000 kilómetros, bastante exacto para la época y sus recursos). Entre otros de sus cálculos se destaca la distancia al Sol que estimó en 804.000.000 estadios, y la distancia a la Luna en 780.000 estadios, y casi con precisión, la inclinación que presenta el eje de rotación de la Tierra en 23º 51' 15".

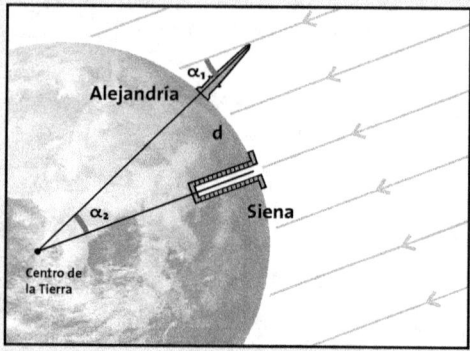

1. ¿Qué distancia hay entre Alejandría y Siena en estadios?

2. Averiguen en km la distancia Tierra-Sol, según el cálculo realizado por Eratóstenes:

3. ¿A qué altura estará el tanque de agua de la casa de José si para poder limpiarlo utilizó una escalera de 3 metros, apoyándola a 70 cm del pilar donde se encuentra el tanque?

4. Sebastián quiso construir un corral rectangular para su conejo. Al terminar midió el fondo del corral y observó que un lado medía 135 cm, el lado adyacente 72,5 cm y la diagonal formada por estos 157,5 cm. ¿Le salió rectangular realmente? Justifiquen la respuesta:

5. Al intentar subir al techo de su casa, Carlos vio que la escalera que iba a usar tenía la misma altura que la parte más baja del techo. Como no podía subir, apoyó la escalera sobre un cantero que se encontraba a 1 m de la pared. ¿Cuál es la altura del techo si el cantero es de 25 cm?

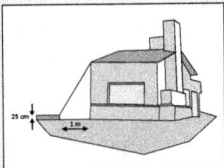

6. Para cada uno de los siguientes gráficos, midan con regla la medida de los segmentos y respondan:

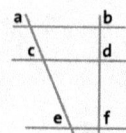

a) ¿Cuál es el cociente entre la longitud de: $\overline{ac}$ y $\overline{bd}$, $\overline{ce}$ y $\overline{df}$; y entre $\overline{ae}$ y $\overline{bf}$?

b) ¿Cómo son los resultados obtenidos?

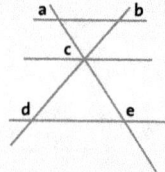

c) ¿Cuál es el cociente entre la longitud de: $\overline{ac}$ y $\overline{bc}$, $\overline{cd}$ y $\overline{de}$; y entre $\overline{ae}$ y $\overline{bd}$?

d) ¿Cómo son los resultados obtenidos?

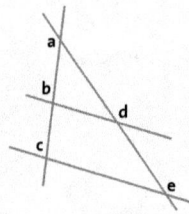

e) ¿Cuál es el cociente entre la longitud de: $\overline{ab}$ y $\overline{ad}$, $\overline{bc}$ y $\overline{de}$; y entre $\overline{ac}$ y $\overline{ae}$?

f) ¿Cómo son los resultados obtenidos?

7. Conversen con sus compañeros sobre los resultados obtenidos en el ejercicio número **6**. ¿A qué conclusiones llegaron?

Teorema de Thales

Thales de Mileto fue un matemático griego del siglo VI a.C., considerado por muchos como el primer filósofo de la historia. Entre las obras y teorías que se le atribuyen está este teorema:

> Si tres o más paralelas son cortadas por dos transversales, la razón de las longitudes de los segmentos determinados en una de ellas, es igual a la razón de las longitudes de los segmentos correspondientes determinados en la otra.

A // B // C
M y N tranversales

$$\frac{\overline{bc}}{b} = \frac{\overline{b'c'}}{a'b'}$$

8. Calculen el valor del segmento $\overline{bc}$.

$\overline{ab}$ = 2 cm
$\overline{ad}$ = 7 cm
$\overline{ef}$ = 2,6 cm
$\overline{fg}$ = 1,8 cm

9. Calculen en cada caso el valor de **x** y la medida de cada segmento:

a)

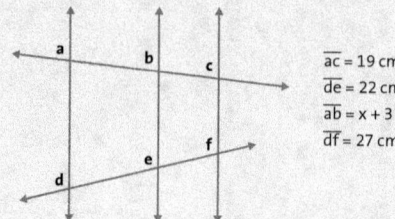

$\overline{ac}$ = 19 cm + x
$\overline{de}$ = 22 cm
$\overline{ab}$ = x + 3 cm
$\overline{df}$ = 27 cm

b)

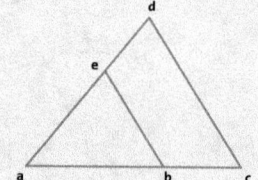

$\overline{ad}$ = 7 cm + x
$\overline{bc}$ = 2,5 cm
$\overline{ac}$ = 24,5 cm
$\overline{ed}$ = 29,4 cm − x

10. Calculen la longitud del segmento $\overline{cd}$:

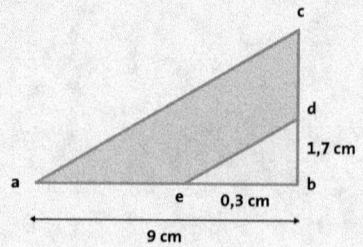

11. Obtengan el valor de la altura de la pirámide:

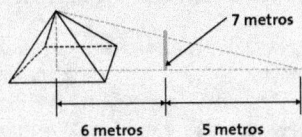

6 metros   5 metros

7 metros

12. Un poste vertical de 6 metros de alto proyecta una sombra de 4 metros. ¿Cuál es la altura de un árbol que, a la misma hora, proyecta una sombra de 1,8 metros?

13. Calculen el valor del segmento **x**:

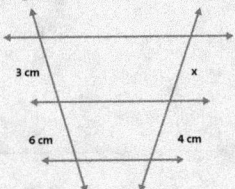

3 cm   x

6 cm   4 cm

14. Un triángulo rectángulo cuyos catetos miden 4 cm y 6 cm es pintado como lo indica la figura, formándose otro triángulo rectángulo con una hipotenusa de 4 cm y un cateto de 2 cm. Calculen las medidas faltantes en ambos triángulos:

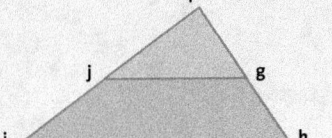

$\overline{fg}$ = 2 cm

$\overline{if}$ = 6 cm

$\overline{jg}$ = 4 cm

$\overline{fh}$ = 4 cm

Trigonometría

15. Recostado en el pasto de la plaza, Daniel observa la bandera que flamea en un mástil y se da cuenta de que, desde su ángulo de observación, la punta del mismo coincide con el balcón de su amigo Carlos. Estimó a cuántos metros estaba del edificio y supuso un ángulo de visión de 30°. Estimó la distancia al balcón y al mástil, preguntándose cuál sería la altura de este último.

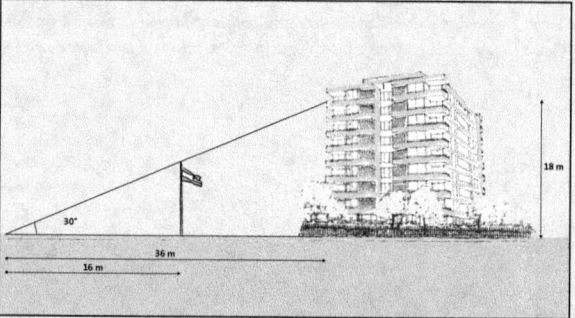

Para poder resolver el problema, Daniel dibujó un triángulo semejante y midió los catetos. Estos resultaron proporcionales al triángulo que se formó con su observación, pudiendo así calcular la altura del mástil.

a) Construyan un triángulo semejante para poder calcular la longitud del mástil:

El objetivo de la trigonometría es el cálculo de las medidas de los elementos que conforman un triángulo (sus lados y sus ángulos).

Tres raíces griegas forman la palabra trigonometría: *Tri*, que significa tres, *gonos* que significa ángulo y *metrón* que significa medir, es decir, "medidas del triángulo".

En todo triángulo rectángulo, a los lados que forman el ángulo recto se los llama **catetos** y al restante, **hipotenusa**. Al considerar uno de los ángulos agudos, los catetos se identificarán como opuesto y adyacente, según corresponda.

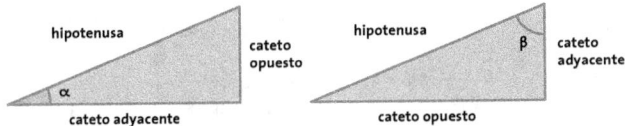

Si se consideran los siguientes triángulos rectángulos, se observa que tienen un ángulo congruente, en consecuencia, sus tres ángulos son congruentes y por lo tanto son semejantes:

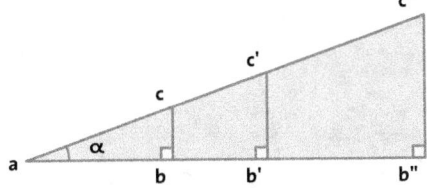

Por ser semejantes, sus lados son proporcionales.

$$\frac{\overline{bc}}{\overline{ab}} = \frac{\overline{b'c'}}{\overline{ab'}} = \frac{\overline{b''c''}}{\overline{ab''}}$$

$$\frac{\overline{bc}}{\overline{ac}} = \frac{\overline{b'c'}}{\overline{ac'}} = \frac{\overline{b''c''}}{\overline{ac''}}$$

$$\frac{\overline{ab}}{\overline{ac}} = \frac{\overline{ab'}}{\overline{ac'}} = \frac{\overline{ab''}}{\overline{ac''}}$$

Como estas igualdades se verifican en cualquier triángulo rectángulo, a cada una se le asigna un nombre particular. A la razón entre el cateto opuesto y el cateto adyacente se la denomina tangente del ángulo. De la misma manera, a la razón entre el cateto opuesto y la hipotenusa se la denomina seno del ángulo, y a la razón entre el cateto adyacente y la hipotenusa se la denomina coseno del ángulo.

Tangente de $\alpha = $ tg $\hat{\alpha} = \dfrac{\overline{bc}}{\overline{ab}} = \dfrac{\text{cateto opuesto}}{\text{cateto adyacente}}$

Seno de $\alpha = $ seno $\hat{\alpha} = \dfrac{\overline{bc}}{\overline{ac}} = \dfrac{\text{cateto opuesto}}{\text{hipotenusa}}$

Coseno de $\alpha = $ cos $\hat{\alpha} = \dfrac{\overline{ab}}{\overline{ac}} = \dfrac{\text{cateto adyacente}}{\text{hipotenusa}}$

Al seno, coseno y tangente se los denomina **razones trigonométricas** del ángulo.

Las razones trigonométricas dependen de un ángulo, por lo tanto son una función de este. Las funciones trigonométricas son las determinadas por las razones de dos lados de un triángulo rectángulo. No dependen de las medidas de sus lados, **solo dependen del ángulo.**

Las razones trigonométricas de algunos ángulos notables son:

ángulo	30°	45°	60°
Seno	$\dfrac{1}{2}$	$\dfrac{\sqrt{2}}{2}$	$\dfrac{\sqrt{3}}{2}$
Coseno	$\dfrac{\sqrt{3}}{2}$	$\dfrac{\sqrt{2}}{2}$	$\dfrac{1}{2}$
Tangente	$\dfrac{\sqrt{3}}{3}$	1	$\sqrt{3}$

También se puede utilizar la calculadora científica para hallar el seno, coseno y tangente de diferentes ángulos.

Si se quiere calcular el coseno de un ángulo de 42° 36' 58",
se presiona en la calculadora científica:

cos [42] [°'"] [36] [°'"] [58] [°'"] [=]

Y se obtiene por resultado: 0,735906726

Conociendo el seno, coseno o tangente se puede hallar el valor del ángulo con ayuda de una calculadora científica:

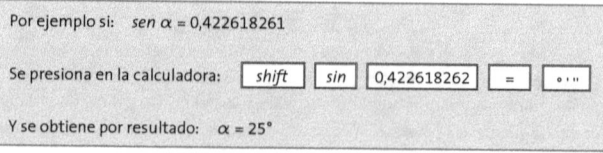

Por ejemplo si: sen α = 0,422618261

Se presiona en la calculadora: [shift] [sin] [0,422618262] [=] [°'"]

Y se obtiene por resultado: $\alpha = 25°$

16. Utilicen la calculadora para hallar:

a) sen 52°=   b) tg 28°=   c) cos 47°=   d) sen 47°=

e) cos 51°18'=   f) tg 28°14' 32" =   g) sen 29°17' 19"=

17. Utilicen la calculadora para obtener el ángulo correspondiente:

a) sen $\hat{\beta}$ = 0,809016994   b) cos $\hat{\rho}$ = 0,523242434

   $\hat{\beta}$ = $\hat{\rho}$ =

c) tg $\hat{\varphi}$ = 0 0,212556561

   $\hat{\varphi}$ =

Resolución de triángulos rectángulos

Resolver un triángulo es hallar el valor de los ángulos y de los lados no conocidos. Para ello puede utilizarse el teorema de Pitágoras y las razones trigonométricas.

Ejemplo 1

Resolución del triángulo abc, sabiendo que:

$\overline{ab}$ = 15 cm y $\hat{a}$ = 47°

El ángulo $\hat{c}$ = 90°

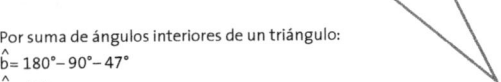

Por suma de ángulos interiores de un triángulo:

$\hat{b}$= 180°– 90°– 47°

$\hat{b}$= 43°

Las razones trigonométricas respecto del ángulo a son:

$$\text{sen } \hat{a} = \frac{\overline{bc}}{\overline{ab}} \qquad \cos \hat{a} = \frac{\overline{ac}}{\overline{ab}} \qquad \text{tg } \hat{a} = \frac{\overline{bc}}{\overline{ac}}$$

Entonces: $\text{sen } 47° = \dfrac{\overline{bc}}{15}$ $\cos 47° = \dfrac{\overline{ac}}{15}$

$0,73 = \dfrac{\overline{bc}}{15}$ $0,68 = \dfrac{\overline{ac}}{15}$

$0,73 \cdot 15 = \overline{bc}$ $0,68 \cdot 15 = \overline{ac}$

$10,95 = \overline{bc}$ $10,2 = \overline{ac}$

Ejemplo 2

Resolución del triángulo abc, sabiendo que:
$\overline{ab}$ = 15 cm y $\overline{bc}$ = 23 cm

Por teorema de Pitágoras:

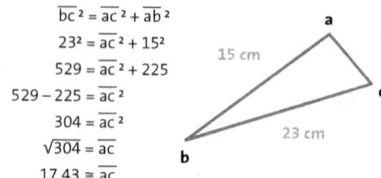

$$\overline{bc}\,^2 = \overline{ac}\,^2 + \overline{ab}\,^2$$
$$23^2 = \overline{ac}\,^2 + 15^2$$
$$529 = \overline{ac}\,^2 + 225$$
$$529 - 225 = \overline{ac}\,^2$$
$$304 = \overline{ac}\,^2$$
$$\sqrt{304} = \overline{ac}$$
$$17,43 \cong \overline{ac}$$

Las razones trigonométricas respecto del ángulo b son:

$$\operatorname{sen} \hat{b} = \frac{\overline{ac}}{\overline{bc}} \qquad \cos \hat{b} = \frac{\overline{ab}}{\overline{bc}} \qquad \operatorname{tg} \hat{b} = \frac{\overline{ac}}{\overline{ab}}$$

Entonces: $\cos b = \dfrac{15}{23}$

$$\cos b = 0,652173913$$
$$b = 49° \, 17' \, 39''$$
$$\hat{a} = 90°$$
$$\hat{c} = 180° - 90° - 49° \, 17' \, 39''$$
$$\hat{c} = 40° \, 42' \, 21''$$

◉ ◎ ◈

18. Resuelvan los siguientes triángulos rectángulos:

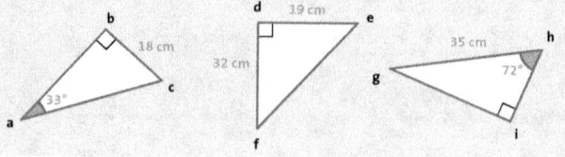

Ángulo de elevación y de depresión

Se llama **línea de visión** a la recta imaginaria que une el ojo de un observador con el lugar observado.

Se llama **ángulo de elevación** al que se forma cuando el punto observado es más alto que le observador.

Se llama **ángulo de depresión** al que se forma con el observador ubicado más arriba.

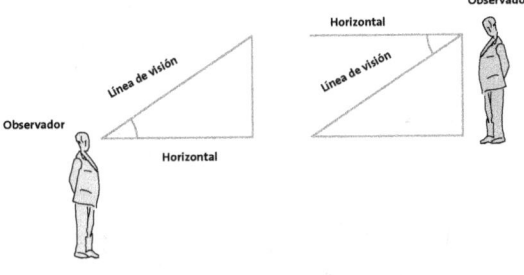

●─◎─◇

19. Una persona observa un pájaro que se posó sobre la copa de un árbol que mide 7 m de altura. ¿A que distancia se encuentra del árbol si el ángulo de elevación del observador es de 15°?

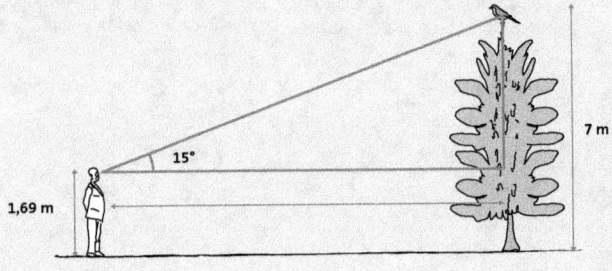

20. Desde una altura de 15 m una persona se zambulle al mar. En el momento que impacta con el agua, su amigo lo ve con un ángulo de depresión de 40°. ¿Qué distancia recorre el nadador si cuando llega a una pequeña isla su amigo lo observa con un ángulo de depresión de 25°?

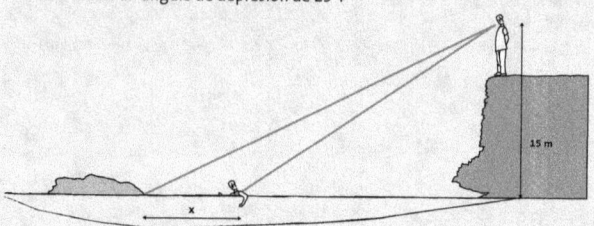

21. Fabio mira el extremo superior de una antena desde un punto visual con un ángulo de elevación de 17°. Si se corre 25,8 m hacia la antena, el ángulo de elevación es de 31°. ¿A que altura del suelo se encuentra la antena si la distancia del suelo a los ojos de Fabio es de 1,60 m?

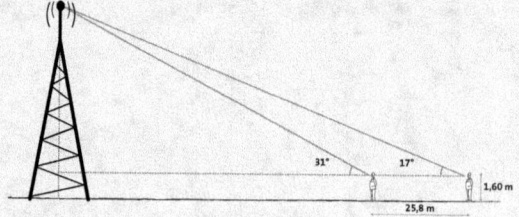

22. Una escalera está apoyada en la azotea de un edificio de 14 m de alto, formando un ángulo de 59°31'. ¿Qué largo tiene la escalera?

23. Si la sombra de un poste es la mitad de su altura, ¿qué ángulo forman los rayos del Sol con el horizonte?

24. Un poste de tendido eléctrico está sujetado por tensores de 8,5 m de largo, desde 15 cm del extremo superior. Si los tensores forman un ángulo de 58° respecto del suelo, ¿cuál es la altura del poste?

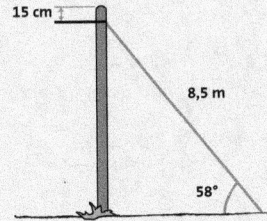

25. La base de un triángulo isósceles mide 53 cm y los lados iguales, 40 cm. Calculen sus ángulos:

26. ¿Cuál será el valor de la diagonal de un cubo de 15 cm de arista?
¿Qué ángulo forma la diagonal con la cara del cubo?

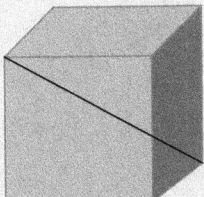

27. En un triángulo isósceles, el lado desigual mide 18 cm y los ángulos iguales 65°. Calculen su área y su perímetro:

28. Se sabe que un ángulo de un triángulo rectángulo agudo mide 42° 18' 34" y uno de sus catetos 8 cm. ¿Cuánto miden el otro cateto, la hipotenusa y el otro ángulo agudo?

29. Una escalera de 4,50 metros está apoyada contra la pared, ¿cuál será su inclinación si su base dista 2 metros de la pared?

30. Desde cerca del borde de un tanque de 2 m de diámetro, una persona observa el borde opuesto con un ángulo de depresión de 60°.
a) ¿Qué profundidad tiene el tanque?
b) ¿Cuál es el volumen del tanque?

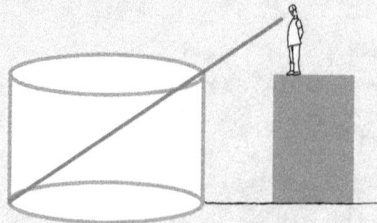

31. A 8 m de una torre de seis niveles, separados cada uno por una distancia de 4 m, una persona observa dicha torre.
a) Dibujen la situación.
b) ¿Con qué ángulo verá cada nivel?

32. El perímetro de un pentágono regular es de 25 cm.
a) Hallen la medida de cada lado y de cada ángulo central.
b) Calculen el área.

33. Calculen el área de un triángulo equilátero de 48 cm de perímetro.

Uso del astrolabio para el cálculo de alturas

El nombre del astrolabio proviene de la palabra griega *Astro*, que significa estrella, y de la palabra *labio*, el que busca. Un astrolabio es un instrumento para encontrar estrellas. Este instrumento tan antiguo y complejo tiene además otras aplicaciones, como la de determinar la hora del día o de la noche, mediante la observación del Sol o de una estrella sobre el horizonte; determinar la hora de salida de las estrellas o medir el ángulo de elevación o depresión con el que se observa cierto punto.

Construcción de un astrolabio
Materiales

- Un cartón duro de 20 cm x 15 cm.
- El tubo del interior de un sifón de soda descartable.
- 60 cm de hilo.
- Pegamento.

Procedimiento

1- Recortar la figura del transportador (se encuentra en la página siguiente) y pegarla sobre un cartón.

2- Atar el hilo en la mitad del tubito y pegarlo sobre el cartón de manera que el hilo que cuelga coincida con el centro del transportador.

3- Atar en el otro extremo del hilo algún objeto chico que funcione como contrapeso (arandela metálica, tuerquita, etcétera).

Para realizar una medición, uno de los alumnos del grupo debe observar, por el exremo del tubito, el punto de referencia para calcular la altura que deseen averiguar (altura de mástil, altura del edificio, etcétera).

Otro alumno debe registrar el ángulo que indica el hilo.

Con un cinta métrica debe medirse la distancia del observador hasta el pie de lo que se esté midiendo, y la distancia del piso hasta los ojos del observador.

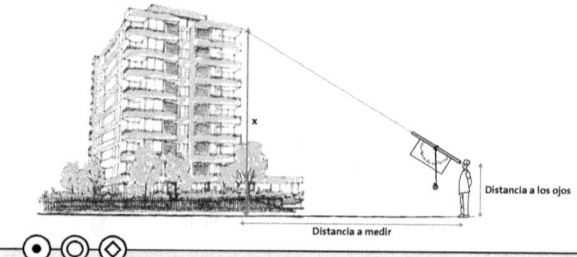

Distancia a los ojos

Distancia a medir

34. Mateo quiere averiguar la altura de una iglesia, y para ello se ubica a 100 m de esta, observando con un astrolabio que el ángulo con el que ve el punto más alto es de 7°20'. Si Mateo mide 1,76 m, ¿cuánto medirá la iglesia?

35. Una persona ubicada a 12 m de un edificio observa el punto más alto del mismo con un ángulo de elevación de 50°, luego descubre que en lo alto hay una bandera. Si observa la bandera con un ángulo de elevación de 60°, ¿cuál es la altura del edificio y cuál la del mástil que sostiene a la bandera?
Realicen en una hoja el dibujo correspondiente:

36. Desde una torre de 80 m, se ven dos autos estacionados con ángulos de depresión de 60° y 30°. ¿Cuál es la distancia de separación entre los autos?
Realicen en una hoja el dibujo correspondiente:

37. Martín mide 1,82 m y proyecta una sombra de 90 cm. ¿Cuál es la altura de un edificio cercano que en el mismo momento proyecta una sombra de 4,8 m de largo?

38. Desde un punto A, situado en el suelo, se observa hacia el Norte el campanario de una iglesia según un ángulo de elevación de 30°. Desde un punto B, situado en el suelo, se observa el campanario hacia el Oeste según un ángulo de elevación de 60°.
Si AB = 100 m, calculen la altura del campanario.

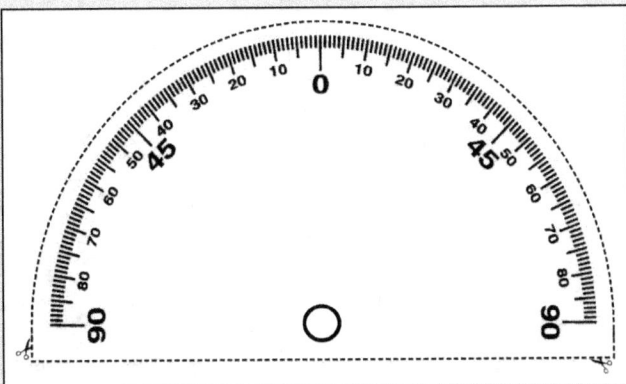

39. En un barrio donde hay manzanas triangulares, una calle de 120 m está compuesta por tres terrenos. ¿Cuánto mide cada terreno si están dispuestos como lo indica la figura?

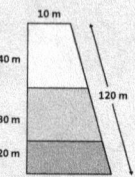

40. Desde una altura de 2500 m un piloto observa la luz de un aeropuerto con un ángulo de depresión de 40°. Determinen la distancia horizontal entre el avión y el aeropuerto.

41. Dos amigos deciden escalar una montaña de la que desconocen la altura. A la salida del pueblo han medido el ángulo de elevación y obtuvieron que era de 30°. Luego de avanzar 300 m hacia la montaña vuelven a medirlo y notan que el ángulo en ese punto es de 45°. Calculen la altura de la montaña.

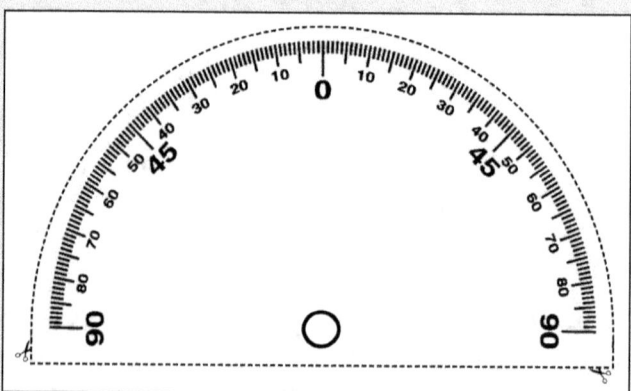

Combinatoria

9

Combinaciones.
Variaciones.
Variaciones con repetición.
Permutaciones.

Una comida gratis

Diez alumnos decidieron celebrar la terminación de sus estudios en la escuela secundaria con una cena en un restaurante. Una vez reunidos, se entabló entre ellos una discusión sobre el orden en que se sentarían a la mesa. Unos propusieron que la ubicación fuera por orden alfabético; otros, de acuerdo a la edad; otros, por los promedios con los que egresaron; otros, por la estatura, etcétera. La discusión se prolongaba y nadie se sentaba a la mesa. Al ver tal indecisión, el mozo les propuso lo siguiente:

Siéntense de cualquier manera. Y que alguien anote el orden en que están sentados ahora. Mañana vienen a comer y se sientan en otro orden. Pasado mañana vienen de nuevo y se sientan en un orden distinto, y así sucesivamente hasta que hayan probado todas las combinaciones posibles. Cuando vuelvan a sentarse de nuevo en la misma forma que hoy, les prometo invitarlos a comer gratis diariamente.

La idea les gustó a todos y fue aceptada. Acordaron reunirse cada día en aquel restaurante y probar todos los modos distintos de sentarse alrededor de la mesa con la expectativa de disfrutar pronto de las comidas gratis.

Sin embargo, no lograron llegar hasta ese día. Y no porque el mozo no cumpliera su palabra, sino porque no lograban agotar el número de combinaciones diferentes.

1. ¿De cuántos modos diferentes pueden sentarse?

2. Si hubiera cinco chicos y cinco chicas y desearan sentarse a la mesa alternándose, ¿de cuántas maneras diferentes podrían sentarse?

3. ¿De cuántas maneras distintas se pueden mezclar los siete colores del arco iris agrupándolos de a tres?

4. En una torre hay un mástil de señales en el que se pueden izar tres banderas rojas, dos azules y cuatro verdes. ¿Cuántas señales distintas pueden indicarse colocando las nueve banderas en diferentes posiciones?

5. ¿Cuántos números de cinco cifras se pueden formar con los dígitos 1, 2 y 3? ¿Cuántos son pares?

6. Se quieren elegir tres delegados en un curso de 35 alumnos. ¿Cuántos tríos diferentes se pueden formar?

7. En una biblioteca se quiere acomodar una colección de arte compuesta por cuatro libros de cubismo, seis de impresionismo y dos de surrealismo.
De cuantas maneras distintas se los puede ordenar si:
a) los libros de cada movimiento artístico deben estar juntos:

b) solo los de cubismo deben estar juntos:

8. Se construye un dispositivo de señalización de forma octogonal y se le coloca una luz en cada vértice. Si se encienden menos de cinco luces por vez, ¿cuántas señales distintas se pueden realizar?

9. Analía quiere decorar cuatro habitaciones de su casa. En la casa de decoración le ofrecieron seis guardas diferentes de las cuales Analía necesita utilizar solo cuatro.

a) ¿De cuántas maneras distintas puede seleccionar las guardas?

Se asigna una letra a cada guarda, como se muestra a continuación:

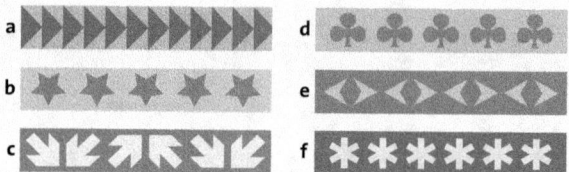

Es posible seleccionarlas de la siguiente manera:

Observen las siguientes selecciones:

En los dos grupos anteriores podrán observar que ambos contienen las mismas guardas pero en diferente orden, por eso corresponden a la misma elección. Para tener grupos distintos, es necesario tener por lo menos un elemento diferente en cada uno de ellos.

b) Realicen un diagrama de árbol para obtener los grupos que faltan:

Combinaciones

Observen que en el problema anterior no interesa el orden en que se ubican los elementos.

Cuando esto ocurre se está trabajando con una combinación.

C_m^n Combinaciones de m elementos agrupados de n en n

Su fórmula es:
$$C_m^n = \frac{m!}{n!(m-n)!}$$

Donde ! simboliza la operación factorial que es el producto de todos los números desde m hasta 1

$$m! = m \cdot (m-1) \cdot (m-2) \cdot (m-3) \ldots \ldots 1$$

10. Martín tiene tres remeras y cuatro pantalones. ¿De cuántas formas puede combinar las remeras y los pantalones?

11. ¿Cuántas parejas diferentes pueden formarse para estudiar si se cuenta con tres alumnas y dos alumnos?

12. En una bienal participan siete personas exponiendo una pintura cada una. Si se premian las tres mejores obras, ¿de cuántas maneras distintas pueden darse los tres primeros lugares?

Si se asigna una letra a cada persona, los premios podrían entregarse por ejemplo de la siguiente forma:

1er Premio	2do Premio	3er Premio
a	b	c
a	b	d
a	b	e

a) Escriban de qué otras formas se pueden entregar los premios:

Variaciones

Como se puede observar en el problema anterior, sí importa el orden en que se encuentran los elementos; es decir que los grupos se consideran distintos cuando tienen por lo menos un elemento diferente, o si tienen los mismos elementos pero no en el mismo orden. Por eso es un problema de variación.

V_m^n Variaciones de **m** elementos agrupados de **n** en **n**

Su fórmula es:
$$V_m^n = \frac{m!}{(m-n)!}$$

13. ¿Cuántos números de tres cifras diferentes se pueden formar con los dígitos que componen el número 24756?

14. En un grupo de ocho personas hay que elegir un presidente, un vicepresidente y un secretario. ¿De cuántas formas se puede hacer?

15. ¿Cuántas palabras distintas de diez letras (con o sin sentido) se pueden escribir utilizando sólo las letras a, b?
Completen en las siguientes grillas algunas de las palabras. ¿Faltarán muchas más?

Variaciones con repetición

En el caso anterior, al tratarse de palabras, el orden importa y además, como son palabras de diez letras y solo se tienen dos elementos para formarlas, las letras deben repetirse.

En estas situaciones se está haciendo referencia a las variaciones con repetición, donde interesa el orden en el que se ubican los elementos.

Su fórmula es:
$$V_R = m^n$$

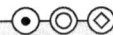

16. ¿Cuántos números de dos cifras se pueden formar con los dígitos del 1 al 9?

17. ¿De cuántas maneras se pueden depositar tres cartas en dos buzones?

18. A Lautaro le regalaron cuatro autitos con conductores intercambiables. ¿De cuántas maneras distintas puede ubicar los cuatro conductores en los cuatro autitos?

Permutaciones

Las permutaciones son casos particulares de las variaciones, en los que, en cada posible agrupamiento intervienen todos los elementos.

Una permutación es una variación de **m** elementos agrupados de **n** en **n**, donde **n = m**

Al figurar todos los elementos en cada grupo, dos grupos serán distintos solo cuando el orden de los elementos sea distinto.

$$P_m = m!$$

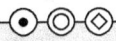

19. Retomando el caso de "Concentrados en la lectura", ¿cómo calcularían el número de posibilidades?

20. En una clase hay veinticinco alumnos. ¿De cuántas formas diferentes pueden distribuirse en los bancos?

21. Juan quiere comprar tres alfajores distintos. Al asistir al quiosco descubre que venden seis variedades de alfajores.
¿De cuántas maneras diferentes puede elegirlos si sólo puede comprar tres?

22. En una carrera en la que participan seis ciclistas y no hay empate en ningún puesto, ¿de cuántas formas distintas pueden clasificar?

23. Tres amigos suben a un vehículo de diez asientos. ¿De cuántas maneras distintas pueden sentarse?

24. A una persona le sirven la cena con cuatro platos, de los nueve que le gustan. ¿Cuántas cenas diferentes le pueden servir?

25. Siete amigos van al cine. Al llegar sólo quedan cuatro entradas. ¿De cuántas formas podrían repartirse estas entradas para ver la película?

26. Carlos, Verónica, Soledad, Claudia, Stella y Daniel se disponen a comer alrededor de una mesa redonda.
a) Si Daniel no quiere sentarse al lado de Claudia, ¿de cuántas maneras distintas podrán sentarse alrededor de la mesa?
b) ¿Y si Verónica insiste en estar al lado de Carlos?
c) ¿Y si no hubiera restricciones?

27. En la librería venden veinte modelos de cuadernos. Si Paula solo tiene dinero para comprar cuatro, ¿de cuántas maneras posibles puede elegirlos?

28. En un desfile de modas que realiza un colegio se anotaron dieciséis chicas. ¿De cuántas maneras distintas pueden ordenarse para salir si las salidas se realizan de a dos chicas?

29. Un hospital cuenta con veintiún cirujanos con los cuales hay que formar ternas para realizar guardias. ¿Cuántas ternas se podrán formar?

30. ¿De cuántas maneras se puede elegir una vocal y una consonante de la palabra número?

31. En una reunión hay dieciocho personas. Todas se saludan entre sí y ningún par de personas se saluda más de una vez. ¿Cuántos saludos se dan?

32. ¿De cuántas formas puede confeccionarse una bandera de tres colores si el color rojo debe ocupar siempre el lugar del medio y se dispone de los colores azul, blanco, rojo, amarillo y verde?

33. Dados los segmentos de longitudes: 4 cm, 6 cm, 7 cm, 8 cm, 9 cm, ¿cuántos triángulos diferentes pueden construirse?

34. En una circunferencia hay 20 puntos. Si se consideran estos puntos como vértices, ¿cuántos triángulos inscriptos se pueden trazar en la circunferencia?

35. En un concurso de fotografía se otorgarán premios a las tres mejores fotos. Si participan ocho fotógrafos, ¿de cuántas maneras distintas se pueden distribuir los tres premios?

36. Una abuela teje seis bufandas con distintos motivos para regalarles a sus seis nietos. ¿De cuántas maneras puede elegir la bufanda para cada nieto?

37. Para subir a un cerro hay cinco caminos. ¿De cuántas maneras se puede subir y bajar utilizando tales caminos? ¿Y si la subida y bajada tienen lugar por caminos distintos?

38. En una estación ferroviaria se expiden ocho tipos de boletos para viajar. ¿De cuántas maneras pueden comprarse tres o cuatro boletos?

39. Una sociedad científica está integrada por veinticinco personas. Es necesario elegir al presidente, al vicepresidente, al secretario y el tesorero. ¿De cuántas maneras puede realizarse la elección si cada miembro puede ocupar sólo un cargo?

40. Se tienen seis pares de guantes de distintos colores. ¿De cuántas maneras se pueden elegir entre ellos un guante de la mano izquierda y otro de la derecha de forma que estos sean de distintos colores?

41. ¿De cuántas maneras se pueden poner en fila seis personas si a una de ellas no se le permite ocupar los extremos?

42. Una persona tiene ocho ejemplares de un libro de aritmética y otra posee nueve libros de álgebra. ¿De cuántas maneras se los puede ordenar en un estante?

43. ¿Cuántos números de tres cifras tienen un cero en el lugar de las decenas?

44. En un estante hay una obra en dos tomos con cinco ejemplares del tomo I y cuatro del tomo II.
a) ¿De cuántas maneras se los puede colocar en el estante?
b) ¿De cuántas maneras se los puede ordenar para que los del primer tomo estén juntos y los del segundo tomo también?
c) ¿Y para que no haya dos tomos iguales juntos?

10 Estadística

Estadística.
Gráficos estadísticos.
Intervalos de clases.
Histogramas.
Probabilidad.

Tasa de natalidad en América Latina

La **tasa de natalidad** es el promedio anual de nacimientos durante un año por cada 1000 habitantes, también es conocida como tasa bruta de natalidad.

Para calcularla se utiliza la fórmula:

$$tasa\ de\ natalidad = \frac{número\ de\ nacimientos\ en\ un\ año}{población\ total} \cdot 1000$$

La tasa de natalidad suele ser el factor decisivo para determinar la tasa de crecimiento de la población. Depende tanto del nivel de fertilidad como también de la estructura por edades de la población.

En la siguiente tabla se indica la tasa de natalidad de los países de América Latina calculada a mediados del año 2010:

País	Tasa de natalidad
Argentina	17,94
Bolivia	25,82
Brasil	18,43
Chile	14,64
Colombia	18,09
Ecuador	20,77
Guyana	18,31
Paraguay	28,17
Perú	19,38
Surinan	16,80
Uruguay	13,91
Venezuela	20,61

1. Según la tasa de natalidad, ¿qué lugar ocupa la Argentina en Latinoamérica?

2. Calculen el promedio de la tasa de natalidad de los países integrantes del Mercosur.

3. ¿Cuál es el promedio de la tasa de natalidad de los países de América Latina que no integran el Mercosur?

4. Si la población en Argentina en el año 2010 ascendió a 40.100.000 habitantes, ¿cuántos habrán sido los nacimientos en ese año?

5. Con un grupo de doce jugadores:

a) ¿Cuántos equipos de básquet distintos, de cinco jugadores, se pueden formar?

b) Si uno de los jugadores es Ezequiel ¿en cuántos de los equipos podría estar?

6. En una encuesta sobre gustos musicales realizada a veinte varones y veinticinco mujeres se obtuvo por respuesta que veintitrés personas prefieren escuchar reggaeton en lugar de cumbia y de estas, once son varones.
Completen la tabla y luego respondan:

	Varones	Mujeres	Total
Reggaeton			
Cumbia			
Total			

a) ¿Cuántas mujeres prefieren la cumbia?

b) ¿Qué porcentaje del total de encuestados representa la cantidad anterior?

c) ¿Cuántas de las personas encuestadas prefieren escuchar cumbia?

d) Con respecto al total de encuestados ¿cuál es el porcentaje?

e) ¿Cuántas son las mujeres que prefieren escuchar reggaeton?

f) ¿A cuánto asciende el porcentaje de mujeres que prefiere escuchar reggaeton con respecto al total de mujeres encuestadas?

g) Comparen el porcentaje de varones a los que les gusta el reggaeton respecto del total de varones encuestados, y el porcentaje de mujeres que prefieren escuchar esa música respecto del total de mujeres encuestadas. ¿Cuál es mayor?

h) Si se elige una persona al azar, ¿qué es más factible que suceda: que sea hombre y prefiera escuchar cumbia o que sea mujer y prefiera escuchar reggaeton?

7. ¿Cuántos números capicúas de tres cifras se pueden formar con los dígitos pares? Si se elige uno de esos números al azar, ¿qué es más probable que suceda: que sea múltiplo de 3 o divisible por 4?

8. Se realizó una encuesta a un grupo de cincuenta chicos sobre la cantidad de horas que usan diariamente Internet. El siguiente gráfico muestra los porcentajes obtenidos:

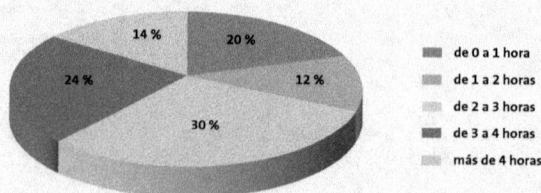

Calculen la cantidad de chicos correspondiente a cada sector del gráfico.

Estadística

9. Se realizó una encuesta en un grupo de alumnos de segundo año sobre el número de calzado que usa cada uno y se obtuvieron las siguientes respuestas:

42	38	41	37	39
39	40	42	39	38
40	39	38	41	41
38	39	37	40	39
37	41	40	39	40

Población, muestra, variable

Al conjunto de personas, animales o cosas que se quiere estudiar estadísticamente se la llama población.

Para ello los datos pueden ser recolectados a través de censos y encuestas.

Si no es posible, por la gran dimensión de una población, se toma una muestra, que es una parte de ella.

La muestra debe ser representativa, es decir que el trabajo estadístico en ella debe dar resultados similares a los que se darían en el total de la población.

La población del ejercicio 9 está formada por un grupo de alumnos de segundo año.

Se llama variable (x) a cada uno de los temas que se pueden estudiar de una población.

La variable estudiada en este caso es el número de calzado de cada alumno de segundo año.

Las variables pueden ser cuantitativas cuando miden variables numéricas, o cualitativas cuando miden variables no numéricas:

Frecuencia absoluta (f):
Es el número de veces que se repite cada valor de la variable. A la suma de estos valores lo llamamos **n**.

Frecuencia relativa (f_r):
Se obtiene a través del cociente entre la frecuencia absoluta y la cantidad de elementos que forman la población o muestra.

Frecuencia porcentual (f_p):
Se calcula multiplicando cada frecuencia relativa por 100.

a) Teniendo en cuenta los datos anteriores, completen la siguiente tabla de distribución de frecuencias:

x	f	fr	fp	$x \cdot f$
37				
38				
39				
40				
41				
42				
TOTAL				

Se llama media aritmética o promedio ($\overline{x}$) al cociente entre la suma de todos los valores de la muestra, y el número variables.

Una forma simple de calcularla es sumando los valores de **x · f** y dividir este resultado por la cantidad de elementos que forman la población:

$$\overline{x} = \frac{suma\ (x \cdot f)}{n}$$

Al valor de la variable de mayor frecuencia se lo llama Moda (M_o).

Si existe más de una variable con mayor frecuencia, todas ellas serán la moda.

La moda no existe si todas las variables tienen la misma frecuencia.

Al ordenar en forma creciente o decreciente las variables, se obtiene la mediana (M_e) que es el valor central.

Si la cantidad de variables es par, la M_e es el promedio de los dos valores centrales.

b) Utilizando los datos de la tabla de distribución de frecuencias, calculen la media aritmética e indiquen la moda y la mediana:

Gráficos estadísticos

Diagrama de barras

En este gráfico, en el eje vertical se representa la frecuencia y en el eje horizontal, la variable.

Cada barra tiene en el centro de su base el valor de la variable y la altura representa su correspondiente frecuencia. Las barras contiguas se encuentran separadas por un espacio.

Gráfico circular

En este gráfico se representa la frecuencia porcentual por medio de sectores circulares limitados por dos radios consecutivos.

El círculo representa al 100% y su ángulo es de 360°. Para calcular el ángulo central de cada sector circular se multiplica cada fr por 360°.

c) Completen los gráficos usando los datos de la tabla de distribución de frecuencias:

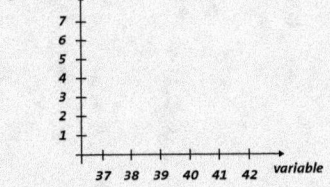
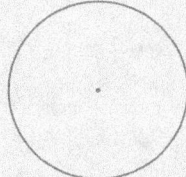

10. Completen la siguiente tabla de distribución de frecuencias, utilizando como variable la cantidad de hermanos que tienen sus compañeros de curso:

x	f	fr	fp	$x \cdot f$
1				
2				
3				
4				
5				
6				
7				
8				
9				
10				
TOTAL				

Calculen la media aritmética e indiquen la moda y la mediana:

Construyan un gráfico estadístico:

11. Los siguientes son los goles realizados por un equipo de fútbol durante un torneo de treinta y ocho fechas:

```
2   1   3   0   2   2   1   0   2   0
4   1   1   2   3   2   0   1   5   1
1   2   3   0   0   4   1   1   3   2
0   4   3   1   2   4   1   2
```

a) Construyan una tabla de distribución de frecuencias:

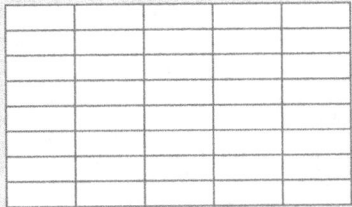

b) Calculen el promedio:

c) Realicen el gráfico de barras correspondiente:

12. En la siguiente tabla se registró la cantidad de boletos de tren vendidos, según su precio, por un empleado durante su turno de trabajo:

x	f			
0,75	232			
1	284			
1,25	268			
1,30	304			
1,60	241			
1,90	326			
2,20	359			
TOTAL				

a) Completen la tabla anterior:

b) Realicen el gráfico circular correspondiente:

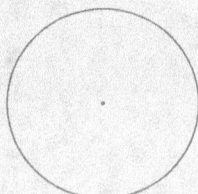

c) Calculen la media aritmética:

d) Indiquen la moda:

Intervalos de clase. Histogramas

13. Los siguientes son los valores de consumo en m³ de gas, de una familia durante un periodo de cinco años:

	Ene-feb	Mar-abr	May-jun	Jul-ago	Sep-oct
2006	231	125	250	357	214
2007	225	89	234	368	251
2008	250	97	201	372	194
2009	212	85	216	346	205
2010	195	83	198	387	223

a) Con los datos anteriores completen la tabla, teniendo en cuenta los intervalos indicados:

Consumo en m³	Frecuencia f	Marca de clase x_i	$f \cdot x_i$
[83 ; 144)			
[144 ; 205)			
[205 ; 266)			
[266 ; 327)			
[327 ; 388)			
TOTAL			

Siempre que una muestra contenga gran cantidad de datos, será conveniente agruparlos en intervalos de clase.

La cantidad de intervalos de clase dependerá de los valores de la muestra.

Cada intervalo de clase tiene una amplitud que se calcula realizando la diferencia entre sus extremos. Es conveniente que los intervalos tengan la misma amplitud. En la tabla anterior la amplitud es de 61.

Se llama marca de clase **(x$_i$)** al valor medio del intervalo, en el intervalo [83;144) la marca de clase es 113,5.

Para hallar la media aritmética en intervalos de clase, se usa la fórmula:

$$\overline{x} = \frac{suma\ (f \cdot x_i)}{n}$$ Donde *n* es la frecuencia total.

El gráfico donde se representan los intervalos de clase se llaman **histogramas**. Para construirlo se dibujan rectángulos contiguos de igual base y su altura es la frecuencia del intervalo.

b) Calculen la media aritmética:

c) Completen el histograma:

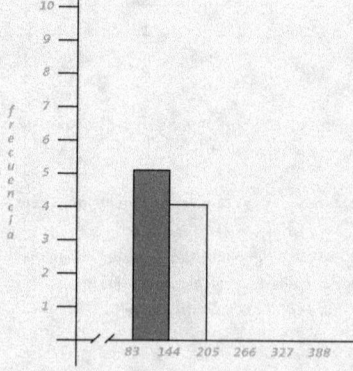

14. Los siguientes valores representan la edad de los docentes de una escuela:

25	31	30	22	21	33	37	41	23	56
49	53	51	47	30	29	32	55	51	41
40	22	37	36	24	28	38	40	40	44

a) Completen la tabla:

Intervalos de clase	f	x_i	$f \cdot x_i$
TOTAL			

b) Calculen $\bar{x}$:

c) Realicen el histograma correspondiente:

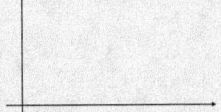

15. La siguiente tabla se conformó con las velocidades de los automóviles en una ruta, complétenla:

Int. de clase velocidad en km/h	f	x_i	$f \cdot x_i$
[60 ; 70)	6		
[70 ; 80)	23		
[80 ; 90)	31		
[90 ; 100)	58		
[100 ; 110)	132		
[110 ; 120)	156		
[120 ; 130)	47		
[130 ; 140)	22		
TOTAL			

b) Calculen $\bar{x}$:

c) Realicen el histograma correspondiente:

Probabilidad

16. A la familia Saavedra les gusta jugar a la ruleta familiar. Ezequiel siempre apuesta a todos los múltiplos de 5, Verónica a todos los números primos, María Paz a todos los múltiplos de 6, Amparo a todos los impares mayores que 17 y Mateo a todos los pares menores que 22. ¿Todos tienen las mismas chances de ganar?

Experimento aleatorio

Obtener un número de la ruleta es un *experimento aleatorio*, ya que se pueden conocer los posibles resultados, pero no se sabe con certeza cuál será el resultado real hasta que este no ocurra.

Espacio muestral

Se denomina *espacio muestral* al conjunto formado por todos los posibles resultados de un experimento aleatorio. En el problema anterior, el espacio muestral está formado por el 0 y los números naturales del 1 al 36.

La probabilidad de que ocurra un suceso se calcula:

$$Probabilidad = \frac{número\ de\ casos\ favorables}{número\ de\ casos\ posibles}$$

---

a) Calculen la probabilidad de ganar que tiene cada uno de los integrantes de la familia Saavedra.

Tengan en cuenta que la probabilidad de un suceso siempre es un número comprendido entre 0 y 1.

Si $P = 0$ el suceso será **imposible**.

Si $P = 1$ el suceso será **seguro**.

---

17. Un curso de tercer año está conformado por doce varones y diecisiete mujeres.

a) ¿Cuántos grupos con dos mujeres y un varón se pueden formar?

b) Si Santiago es uno de los alumnos del curso, al elegir un grupo al azar ¿cuál es la probabilidad de que en ese grupo se encuentre Santiago?

18. Sebastián camina cinco cuadras para ir al colegio.

a) ¿Cuántos caminos distintos puede recorrer Sebastián para ir de su casa al colegio?

b) A dos cuadras de su casa, el papá de Sebastián atiende una ferretería. ¿Cuántos caminos de cinco cuadras puede usar Sebastián para ir al colegio pasando por la ferretería?

c) Si todos los días elige un camino al azar, ¿cuál es la probabilidad de que hoy pase por la ferretería?

19. Andrés no recuerda su contraseña para conectarse a Internet. Sabe que es alfabética y que está formada por cuatro vocales distintas.
a) ¿Cuántas son las contraseñas posibles?

b) Si más tarde recuerda que la última letra es una A, ¿Cuál es la probabilidad que tiene Andrés de adivinar su clave en el primer intento?

20. Los chicos de quinto año están diseñando su bandera de egresados. Quieren usar un color para la tela y otro para todas las letras. Los colores pueden ser: blanco, azul, negro y rojo.
a) ¿Cuántas banderas distintas pueden pintar?

b) Como no se ponen de acuerdo, van a realizar un sorteo. ¿Cuál es la probabilidad de que la bandera sea blanca y roja?

21. Un CD tiene doce temas de rock, ocho de cumbia, siete de reggaeton y tres de folclore. Si se elige un tema en forma aleatoria:
a) ¿Cuál es la probabilidad de que sea de cumbia?

b) ¿Y de que no sea de rock?

22. Verónica, Marisol y Stella practican salsa en un grupo integrado por ocho bailarinas y seis bailarines. Para la presentación de fin de año están preparando diferentes cuadros musicales.
a) ¿Cuántos cuadros de tres parejas de baile se pueden formar?

b) Si se elije un cuadro al azar, ¿cuál es la probabilidad de que estén por lo menos dos de ellas?

23. Si se utilizaran veinticuatro fichas cuadradas de 1 cm de lado:
a) ¿Cuántos rectángulos distintos se pueden construir?

b) Si se elige uno de ellos al azar, ¿cuál es la probabilidad de que su diagonal sea mayor que 13 cm?

24. Matías y Sofía van todos los miércoles al cine junto a ocho amigos y siempre se sientan en una misma hilera de butacas.
a) ¿De cuántas maneras distintas pueden sentarse?

b) ¿Cuál es la probabilidad de que Matías y Sofía se sienten juntos?

c) ¿Cuál es la probabilidad de que se sienten ambos en los extremos?

25. Se ha medido a los alumnos de segundo año de una escuela, obteniendo las siguientes estaturas en centímetros:

Estatura en cm	f	x_i	$f \cdot x_i$
[150 ; 156)	7		
[156 ; 162)	13		
[162 ; 168)	29		
[168 ; 174)	15		
[174 ; 180)	5		
TOTAL			

a) Completen la tabla anterior.

b) Calculen la media aritmética.

c) Realicen el histograma correspondiente.

d) Si se elige un alumno al azar, ¿cuál es la probabilidad de que su estatura pertenezca al mismo intervalo de clase que la media aritmética?

26. Se ha lanzado un dado varias veces y se registraron los resultados en la siguiente tabla:

x	f			
1	16			
2	20			
3	17			
4	16			
5	21			
6	18			
TOTAL				

a) Completen la tabla de distribución de frecuencias.

b) Calculen el promedio.

c) Indiquen la moda y la mediana.

d) Grafiquen en sus carpetas.

e) ¿Qué es más probable obtener, un número par o un número primo?

Autoevaluación

1. Números racionales

1. Resuelvan:

a) $\left[\left(2-1\frac{3}{5}\right)^2+\left(\frac{5}{8}-\frac{3}{4}\right)\cdot\left(\frac{6}{5}\cdot\frac{1}{3}\right)^4\cdot\left(7\frac{1}{2}\right)^3\right]:\left(5-\frac{6}{5}\right)=$

b) $\left[\left(\frac{2}{3}-\frac{1}{9}\right)+13\left(\frac{2}{3}-1\right)^2\right]:\left[\left(\frac{1}{2}-1\right):2\frac{1}{2}\right]=$

c) $\dfrac{\left(2-\frac{1}{5}\right)^2}{\left(3-\frac{2}{9}\right)^{-1}}:\dfrac{\left(\frac{6}{7}\cdot\frac{5}{4}-\frac{2}{7}\cdot\frac{1}{2}\right)^3}{\left(\frac{1}{2}\cdot\frac{1}{3}-\frac{1}{4}\cdot\frac{1}{5}\right)^3}-5\frac{1}{7}=$

2. Resuelvan la siguiente inecuación:

$|(x+5):-2|+3\le|(3x+15):-3|+4$

3. Las edades de tres hermanos suman 38. ¿Qué edad tiene cada uno si Juan es tres años menor que José, pero es siete años mayor que Eliana?

4. Para estudiar cuánto dura cierta mercadería en la góndola de un supermercado, se observa que el primer día se vendió las dos séptimas partes del total; el segundo día la décima parte de lo que quedaba y el tercer día las treceavas del resto. ¿Qué fracción irreducible de productos quedó en la góndola?

5. En una casa de deportes, una remera de primera marca y una campera de segunda marca cuestan lo mismo. La remera está rebajada en dos séptimos de su precio real, mientras que la campera se rebaja un tres veintitresavos más que la rebaja que se le aplicó a la remera. ¿Qué fracción total de su precio original se rebajó la campera?

6. Para un sistema de desagüe el pocero que cavaba dijo que ya había cavado un tercio y que, cuando terminara, su cabeza estaría por debajo de la superficie del suelo, a una distancia dos veces mayor que la que sobresalía en ese momento su cuerpo por encima. ¿Qué profundidad tendrá el pozo cuando esté terminado?

7. Se extrae un tercio del agua de un depósito, luego dos quintos de lo que quedaba. Si todavía hay seiscientos litros en el depósito, ¿cuánta agua había al principio y cuántos recipientes de tres cuartos litros se pueden llenar con ella?

8. Un bidón de jugo tiene una capacidad total de $5\frac{1}{2}$ litros. ¿Cuántos litros contiene cuando se han llenado $\frac{3}{4}$ partes del bidón?

9. Joaquín tiene 40 años y su hijo 15. ¿Dentro de cuántos años la edad del hijo será cuatro novenos de la de Joaquín?

10. Un rectángulo tiene una longitud 8 cm más larga que su ancho. Si cada dimensión se aumenta en 3 cm, el área crecería 57 cm². Hallen las dimensiones del rectángulo.

11. De un listón de madera se cortan dos pedazos. Uno equivale a siete décimos del listón y es 27 cm más largo que el otro que equivale a dos quintos del mismo. ¿Cuál es la longitud del listón?

2. Números irracionales

1. Resuelvan los siguientes cálculos:

a) $2\sqrt{12} - 3\sqrt{75} + \sqrt{27} =$

b) $\sqrt{24} - 5\sqrt{6} + \sqrt{486} =$

c) $2\sqrt{5} + \sqrt{45} + \sqrt{180} - \sqrt{80} =$

d) $\sqrt[3]{54} - \sqrt[3]{16} + \sqrt[3]{250} =$

e) $\left(\sqrt{7} - \sqrt{2}\right)^2 =$

f) $\left(2 - \sqrt{3}\right)^2 =$

g) $\sqrt[4]{\dfrac{\sqrt{2}}{\sqrt{\frac{1}{8}}}} =$

h) $\sqrt{\sqrt{\sqrt{2\sqrt{2}}}} =$

2. Calculen los valores de las siguientes potencias:

a) $16^{\frac{3}{2}} =$

b) $8^{\frac{2}{3}} =$

c) $81^{0.75} =$

d) $8^{0.333\ldots} =$

3. Racionalicen:

a) $\dfrac{5}{2\sqrt{2}} =$

b) $\dfrac{1}{\sqrt[3]{3}} =$

c) $\dfrac{2}{3+\sqrt{3}} =$

d) $\dfrac{\sqrt{2}}{\sqrt{3}-\sqrt{2}} =$

4. Expresen el resultado utilizando notación científica:

a) $\dfrac{(3000)^3 \cdot (0,00008)^4}{(0,0012)^3}$

b) $\dfrac{3,15\,x}{0,00000175}$ \qquad con $x = 0,00000000000000021$

5. Completen con los siguientes números el cuadrado mágico (la suma de las filas, columnas y diagonales debe dar el mismo resultado):
$\sqrt{32}$; $\sqrt{72}$; $\sqrt{128}$; $\sqrt{200}$; $\sqrt{288}$; $\sqrt{392}$; $\sqrt{512}$; $\sqrt{648}$; $\sqrt{800}$

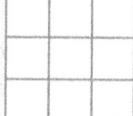

3. Expresiones algebraicas

1. Realicen las operaciones indicadas y simplifiquen el resultado en los casos que se pueda:

a) $\dfrac{10\,x^3}{15\,(x+1)} \cdot \dfrac{x+1}{x^2}$

b) $\dfrac{2}{x} + \dfrac{3\,x-11}{x}$

c) $\dfrac{50\,x^3\,y}{7z} : 10\,x^2\,y^2$

d) $\left(\sqrt[5]{2}\,x^{\frac{1}{2}}\,y^{-\frac{2}{3}}\right)\left(-\dfrac{1}{4}\,x^{-1}\,y\right)$

e) $\left(-26\,a\,x^{\frac{1}{2}}\,y\right)\left(\dfrac{1}{2}\,x^2\,y^{\frac{1}{3}}\,z\right)$

f) $\sqrt[4]{5m^{-\frac{5}{3}}\,n^4\,q^6} \cdot \sqrt[3]{2m^{\frac{3}{2}}\,n^3\,q^5}$

g) $\sqrt{8vs^2} - \sqrt{27v^2s} + \sqrt{2vs^2}$

2. Resuelvan aplicando la regla de Ruffini:

a) $(2 x^3 + 6 x^2 + 11 x + 4) : (x + 1) =$

b) $(3 x^4 + 6 x^2 + 11 x + 4) : (x - 2) =$

c) $(x^3 + 1) : (x + 1) =$

d) $(-x^4 + 2x^3 + 5 x - 3) : (x + 3) =$

3. Resuelvan las siguientes ecuaciones y comprueben las soluciones:

a) $\sqrt{x + 2} = 3$

b) $\sqrt{x + 4} - 2 = -2x$

c) $x - \sqrt{2x - 3} = 1$

d) $\sqrt{3x - 5} + 2 = x - 1$

e) $x - \sqrt{25 - x^2} = 1$

4. Función afín – Función lineal

1. Obtengan el área sombreada en función de **x** y grafiquen la función:

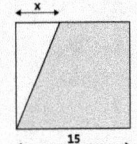

2. En el siguiente trapecio rectangular abcd hallen:

a) ¿Cuáles son los valores posibles de **x**?

b) ¿Por qué el área *abe* es una función afín de **x**?

c) ¿Por qué el área *ecd* es una función afín de **x**?

d) ¿Por qué el área *ead* es una función afín de **x**?

e) Representen gráficamente las tres funciones en ejes coordenadas.

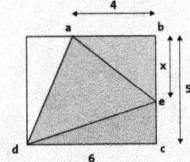

3. En la figura siguiente, el radio del círculo exterior es de 1 metro:

a) obtengan el área de la parte coloreada en función de **x**,

b) representen gráficamente el área hallada,

c) determinen gráficamente para qué valor de **x** el área es igual a la cuarta parte del área del círculo exterior.

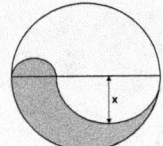

4. Una compañía de celulares informa que cobrará 12 centavos cada llamada y 3 centavos el minuto. Completen la siguiente tabla que dará el costo de cada llamada según la duración de la misma:

Duración	0	1	2	3	1,5	0,5	2,5	3,5	3,1	4
Costo	12	15								

5. En un club de videojuegos se ofrece lo siguiente:
- $ 12 por hacerse socio y $ 6,5 por cada juego alquilado.
- Sin hacerse socio $ 8 por cada juego alquilado.

a) ¿Cuál de las dos opciones conviene más?

b) Representen gráficamente:

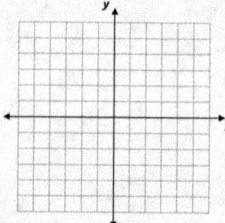

6. Un tren gasta 50 litros de combustible cada 100 kilómetros recorridos.
a) Elaboren una tabla que relacione los kilómetros recorridos y el consumo.

b) Busquen una fórmula que relacione ambas variables.

c) Grafiquen:

5. Sistemas de e cuaciones

1. En una ferretería vendieron un total de veinte amoladoras a dos precios distintos: unas a $ 800 y otras a $ 1200. Se obtuvo una ganancia de $ 19.200.
¿Cuántas amoladoras vendieron de cada precio?

2. Matías le dice a Lautaro que si le saca dos figuritas, tendría las mismas que él. Lautaro le responde que si él le sacara cuatro figuritas, tendría cuatro veces más que Matías. ¿Cuántas figuritas tiene cada uno?

3. Un número está formado por dos cifras cuya suma es 15. Si se toma la cuarta parte del número y se le agrega 45 resulta el número con las cifras invertidas. ¿Cuál es el número?

4. El profesor de matemática tenía chupetines para repartir de manera equitativa entre sus veinte alumnos. Antes de repartirlos llegó un alumno más y el profesor le dio un chupetín menos a cada alumno y le sobraron diescisiete. ¿Cuántos chupetines tenía para repartir?

5. Entre treinta y cinco alumnos se reparten dos tarjetas con flores para cada chica y una tarjeta con jugadores de fútbol para cada chico. Si en total se repartieron cincuenta y cinco tarjetas, ¿cuántos chicos y chicas hay en la clase?

6. Para ir a una excursión, un grupo de personas alquiló una combi. Si iban diez personas más, cada uno pagaba cinco pesos menos pero si iban seis personas menos, pagaban cinco pesos más. ¿Cuántas personas fueron y cuánto pagó cada una?

7. El estuche de un medallón tiene 18 cm de perímetro, además cuatro veces el largo equivale a cinco veces el ancho. ¿Cuáles son las dimensiones del estuche?

6. Funciones

1. Un proyectil es lanzado verticalmente hacia arriba, su altura en función del tiempo está determinada por la ecuación: $f(x) = -5x^2 + 30x$, donde $f(x)$ es la altura en metros y **x** el tiempo en segundos.
a) ¿Cuál es la altura del proyectil tres segundos después de haber sido lanzado?

b) ¿Y a los seis segundos?

c) ¿Cuánto tiempo tardará en llegar a una altura de 20,8 metros?

d) ¿Cuál es la altura máxima alcanzada por el proyectil?

e) ¿Cuánto tiempo tarda en llegar a esa altura máxima?

f) ¿Cuánto tiempo tarda en caer nuevamente al suelo?

2. Para las funciones $f(x) = 2x^2 + 3x - 2$ y $g(x) = 5x - 4$ hallen:
a) $fog(x)$

b) $gof(x)$

c) $g^{-1}(x)$

d) $f^{-1}(x)$

e) $g^{-1}of(x)$

3. Grafiquen en sus carpetas las siguientes funciones y clasifíquenlas:
   a) $f(x) = x^2 + 8x + 15$ b) $f(x) = 2 \cdot |x-4| - 1$

   c) $f(x) = 2^x - 4$ d) $f(x) = \frac{2}{3}x - 3$

7. Transformaciones del plano en sí mismo

1. Construyan la homotecia indicada:
H(o ; 3)

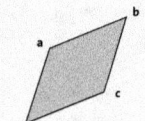

x o

a) ¿Cuál es la relación entre los lados de ambas figuras?

b) ¿Cuál es la relación entre las áreas de ambas figuras?

2. Realicen la rotación:
R(o ; 120°)

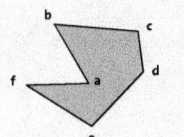

x o

3. Apliquen una traslación de vector $\vec{v}$:

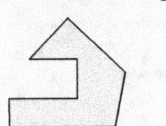

$\vec{v}$

1. Construyan un eneágono regular de 36 cm de perímetro. Calculen en forma exacta el área del mismo. Realicen la rotación.

2. Santiago se ubica a 7 metros de un edificio y con un astrolabio observa la terraza del mismo bajo un ángulo de 84°. Si la distancia de los ojos de Santiago al suelo es de 1,62 metros. ¿Cuál es la altura del edificio?

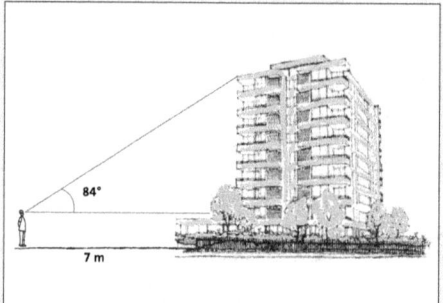

3. a) Hallen la ecuación de la recta S que contiene a los puntos (6 ; 0) y (–9 ; 10).

b) Obtengan la ecuación de la recta T que contiene a los puntos (18 ; 33) y (–12 ; –12)

c) Calculen la ecuación de la recta R que contiene a los puntos (–3 ; 2) y (5 ; 2).

d) Grafiquen las tres rectas en el mismo sistema de ejes coordenados.

e) Hallen los puntos de intersección entre las tres rectas.

f) Calculen el área y el perímetro de la figura que queda encerrada por las tres rectas.

g) ¿Cuánto miden los ángulos interiores de la figura?

9. Combinatoria

1. ¿Cuántos cuadriláteros se pueden dibujar con vértices en los puntos indicados?

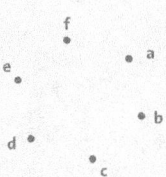

2. ¿Cuántas claves alfanuméricas de seis caracteres se pueden formar con: MARZO 1973?

3. La figura está formada por nueve cuadrados de un centímetro de lado. ¿Cuántos caminos distintos de 6 centímetros de longitud existen para unir A con B?

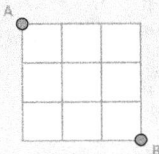

4. Las matrículas de los aviones argentinos comienzan con LV (Lima Victor) y continúan con tres letras del alfabeto sin incluir la ñ, por ejemplo: LV-CMZ (Lima Victor Charlie Mike Zulu).
¿Cuántas matrículas distintas se pueden formar?

10. Estadística

1. Jorge tiene un criadero de perros caniche toy, y debe llevar una estadística del peso para saber si están bien alimentados.

Al pesarlos obtiene los siguientes resultados en kg:

6	7,3	7,1	6,2	7	6,3	7,5	7,4	6,8	7
7,5	6,9	6,8	6,1	7,4	7,5	6,8	7,2	7,5	7,3
6,7	7,2	7,5	6,5	6,6	7,1	7,1	6,1	7	7,4
7,5	7,4	7,5	7,4	7,3	6,5	6,3	6,9	7,1	7,3
7,5	6,8	7,2	7,5	7,3	7,1	7,1	6,1	7	7,4

a) Con los datos anteriores completen la tabla, teniendo en cuenta los intervalos de clase indicados:

Peso en kg	Frecuencia f	Marca de clase x_i	$f \cdot x_i$
[6 ; 6,3)			
[6,3 ; 6,6)			
[6,6 ; 6,9)			
[6,9 ; 7,2)			
[7,2 ; 7,6)			
TOTAL			

b) Calculen la media aritmética.

c) El peso promedio de este tipo de animales es de 7 kg con una variación de ±0,5 kg. ¿Qué porcentaje de animales están dentro de este rango?

d) Realicen el histograma correspondiente.

e) Si se elige un perro al azar, ¿qué es más probable que suceda: que su peso esté por encima de la media aritmética o por debajo de esta?